U0049981

賽加的
魔幻世界
邊成忠 著
封面插圖 江長芳

自序

當第一本以生物科技爲主題的《生命魔法書》出版後，得到了不少讀者朋友的認同與支持，並在眾人的鼓勵下，我開始著手撰寫第二本，經過漫長的考慮，才決定以生物戰劑爲主題，並以早期的魔法世界爲故事的時代背景，寫成《生命魔法書首部曲——賽加的魔幻世界》。

《賽加的魔幻世界》和《生命魔法書》都是以故事的手法來撰寫生物學的相關知識，讓讀者可以從充滿想像的冒險故事裡，自然而然得到有用的資訊與知識，這也是一系列快樂學習叢書最重要的訴求，希望能讓讀者在享受趣意盎然、精彩緊湊的故事時，也能領略到，知識並不是只能透過單調的教科書才能獲得，加一點想像之後，知識就會成爲充滿樂趣的故事。

《賽加的魔幻世界》和《生命魔法書》最大的區別在於內容架構的迴異，《生命魔法書》的每一章均有一個主題與主角，似乎每一篇都不相關，實際上卻是環環相扣，例如

第三章的主角蘿絲，她是一個還在母親體內，即將遭受墮胎命運的胚胎，並透過蘿絲與貫穿全書的主角達克之間的小故事，來說明生理學的概念與生命的價值。第十三章的主角喬迪，是一隻複製狗，他與達克之間所發生的故事，又將複製的科技與社會道德分享給讀者。透過主角達克和所有小故事的小主角的互動，達克才得以一窺生命的全貌，進而完成生命魔法，消滅危害世界的怪獸。

《賽加的魔幻世界》則以完全不同的手法寫成，生物戰劑是因爲人類的私慾而被發展成殘害生命的一種工具，本來就不該存在於世界上，所以本書以一個完整的冒險故事貫穿全場，並列舉可能被用來當作生物戰劑的六種微生物（炭疽桿菌、肉毒桿菌、鼠疫桿菌、天花病毒、登革熱病毒、漢他病毒）形容成魔法世界的隱形敵人，由一隻充滿慾望的高智慧魔獸，自人類世界帶到魔法世界，以完成自己的野心，更在適時適切的情況下，將一些有趣的生物學知識帶入書中，以增加故事的趣味性與知識性。

寫作一直是我的興趣，因爲它不只是一種經驗與知識的傳承，更是一種喜悅的分享，作者們用心寫的書，有讀者接受，並用心體會，這對一個作者而言，就是最大的收穫。如同人與人之間的微妙關係，書和書之間也存在著或多或少的牽繫，畢竟每一個作者都歷經許多書籍的洗禮，不論是學校唸的教科書或各式各樣的課外書籍，經過長期的閱讀累積後，才能發展出自己獨樹一格的思維模式與寫作技巧。因此，《賽加的魔幻世界》的完成，要感謝的人太多了，但最重要的是提供生物戰劑資料的楊豐源先生與曾教導過我的老師，也希望讀者在閱讀此書時，能有所收穫。

目錄

第1章　冒險之旅·神秘聖殿

肯特、蘿拉和賽加這一家三口正雙手合十，圍在餐桌前虔誠地禱告。

雨水滋潤著大地，陽光洗滌我們的靈魂，我們生長的這片土地，有著您善良的子民。感謝精靈之神賜福給所有精靈，讓我們無畏於邪惡的侵擾，賦予我們豐饒的糧食，讓我們無憂於飢餓的恐懼。願您永遠蔽蔭您最忠實的桑特西斯子民，讓桑特西斯的榮耀永存。

賽加似乎不太虔誠，禱告時還偷偷地睜開眼睛，悄悄瞄了下桌上的菜盤，不知心裡打著什麼鬼主意。

禱告結束，蘿拉將菜盤的蓋子掀開。

一隻其醜無比的四眼大嘴蛙，正鼓著肚皮，傻愣愣地站在盤子中央，盤子裡的菜竟被四眼大嘴蛙吃得只剩下一點渣渣，牠四個咕嚕咕嚕轉的眼睛，怔怔地望著蘿拉。

這隻不知哪來的大嘴蛙若無其事地打個嗝，伸出舌頭舔舔嘴角的菜渣，蘿拉和肯特傻傻地望著眼前的情景，半晌說不出話來。

罪魁禍首賽加已經躡手躡腳地下了餐桌，慢慢地走向門口，輕輕將門打開，準備大災難發生前逃離第一現場。

「哇！哇——！」蘿拉首先發難，大叫了起來，聲音尖銳刺耳，響徹雲霄，幾千里外都可能還聽得見呢！

四眼大嘴蛙受到驚嚇，鼓著飽得微凸的肚子，費力地跳離餐桌，蹣跚地從門縫向屋外逃去。

肯特很快就知道發生了什麼事，兩眼怒火中燒地看著菜盤，手指微顫地指著正逃向門口的賽加，震怒不已。

「賽加，站住！毀了今天的晚餐還想開溜。」

逃脫不成，賽加無奈地將門慢慢關上，低著頭走回餐桌旁，一臉無辜的模樣。

「我只是開個玩笑，想給你們一個驚喜而已，沒想到那隻什麼鬼蛙會吃這些東西，還以爲牠是吃素的，真是便宜牠了。」

雙手交叉抱在胸前的肯特，突然往桌上用力一拍，怒氣衝天。

「開玩笑！拿晚餐來開玩笑！看來不給你一點教訓，你是不會學乖的。」二話不說，一巴掌就朝賽加臉上猛力一揮，嚇得賽加兩手捏著耳朵，整個身體都縮了起來。

論身高，賽加站在肯特面前，若不仰起頭，大概只能看到肯特的肚子。論體重，肯特的一條腿恐怕就比賽加更重。

賽加這麼小，被肯特這麼用力一打，還不在原地翻上兩轉，這怎麼得了。

蘿拉從驚愕中回復鎮靜，見肯特這驚天動地的一巴掌，正朝賽加的臉上招呼，馬上伸手拉住肯特粗壯的右手，食指輕點肯特的鼻頭，微微一笑。

「親愛的，小孩子開個玩笑而已，這麼生氣做什麼，氣壞了身子可不好。」

蘿拉安撫肯特的情緒，用眼神提示賽加。「先回房去，這裡交給我就行了。」

得到特赦的信號，賽加如釋重負，配合得天衣無縫，馬上低著頭，一臉懺悔的模樣，慢慢走回自己的房間。

關上門後，賽加馬上又露出鬼臉，直接跳到床上，自言自語。

「好險！好險！差點挨頓揍，下次一定要先搞清楚，才不會像這次一樣，白白把晚餐給浪費了。」才剛躲過一劫，作怪的念頭又再度興起。

在大廳的肯特餘氣未消，把頭偏到一旁，直怪蘿拉太寵愛小孩，才讓賽加這麼胡作非為。

「都是妳把小孩給寵壞了，才會讓他這麼肆無忌憚的胡搞瞎搞。」

蘿拉依偎在肯特懷裡，溫柔地笑了笑。

「小孩子頑皮點，並沒有什麼不好啊！」

肯特指著牆角只剩下半截的掃帚，氣憤難平。

「只是頑皮點嗎？上次把我的掃帚拿去當柴火烤地胡，害我找不到交通工具，開會遲到，還有……」

蘿拉不等肯特說完，輕按肯特的嘴。「好！好！我會告訴他，以後不許這般胡鬧，行了吧！但是你的脾氣也不要這麼大，動不動就發火，可以嗎？親愛的。」

肯特敵不過蘿拉的柔情攻勢，也只能點點頭。

「好！這次就聽妳的。但下次我可不會這樣就算了。」

這句話，肯特也不知道說過多少次，但每次都是這樣不了了之。

賽加的惡作劇好像也成了這個家唯一的休閒娛樂。

＊＊＊＊

魔法世界的夜晚格外的寧靜，只有樹葉在夜風中發出漱漱的摩擦聲，啊！還有剛才飽餐一頓的四眼大嘴蛙，滿足地發出咯咯的叫聲。

叩叩——，「睡了嗎？賽加。」賽加的窗戶傳來一陣陣輕敲和叫喚聲。

賽加放輕動作，緩緩起身，深怕發出一點聲音吵醒蘿拉和肯特。

打開窗戶，向蹲在窗戶下的比思克說道：「真的要去嗎？長老們一向禁止精靈在夜晚進入森林。」言下之意，賽加似乎有些猶豫不決。

比思克深深了解賽加的個性，使出戰無不勝的激將法。

「你如果害怕，就回去睡你的大頭覺，我自己去就好了，我不會勉強你，也不會怪你不守信用。」

「開玩笑，我賽加什麼時候怕過，何況我說到做到，絕不含糊。」

賽加一面說，一面從窗戶爬出。

比思克實在太了解賽加的個性，每次的激將法都能奏效，也難怪比思克得意地暗自竊笑。

兩個不知天高地厚的小精靈，就這樣朝森林出發。

他們沿著小巷子，一路躲避街上來來往往的精靈夜貓子，賽加實在想不透，這麼晚不睡，還能做些什麼，直到離開村莊，他們才能抬頭挺胸大步向前。

路上，微風輕輕地吹著，涼爽的風，讓賽加和比思克感到心情份外舒暢。高掛天空的兩輪紅月，彷彿是正在窺視著大地的眼睛，發出淡淡幽暗的光芒，指引著他們前方的路。

「這是我第一次在夜裡離開村莊，感覺真是刺激。」賽加興奮地轉著圈圈。

「我也是，可我就是搞不懂，爲什麼晚上不能到森林裡面，越是禁止，我就越想去瞧瞧。」比思克也懷著同樣的心情。

賽加仰起頭，望向天空，指著滿天的星子。

「我媽說，那些星子每一個都代表一個精靈，當精靈死去後，就會被精靈之神帶到遙遠的天上，變成星星守護自己的子孫。」

比思克搖搖頭，一副不以爲然的眼神。

「才不是這樣，你被你老媽騙了。」比思克說得斬釘截鐵，簡潔有力，賽加聽得滿腹牢騷，心底不快。

賽加嘟起嘴，語氣低沉，不高興的瞪著比思克。

「你怎麼可以說我媽騙我，不然這些星子是怎麼來的，你說啊！」

比思克看著天上的星子，也沒注意到賽加的情緒變化，心中若有所思。

「對不起，就算我胡說好了。你媽沒有騙你，好了吧！」比思克嘴上這麼說，心裡卻不這麼想。『反正告訴你，你也不會懂的。』

賽加實在是個無可救藥的浪漫主義者，在他母親蘿拉的教育下，賽加眼中沒有善與惡的分別，一切事物在賽加看來，都是美好善良的。

聽到比思克的回答，賽加很快地恢復笑容，拍拍比思克的肩膀。

「對啊！我媽是不可能會騙我的。」賽加情緒恢復的速度可謂快得驚人，轉眼間，已把剛才所有的不愉快拋於腦後。

賽加的母親並沒有騙他，在魔法世界，一切的知識都非常封閉，精靈們相信精靈之神是一切的主宰，掌握著所有精靈的生死。

精靈們認爲自己所居住的世界是宇宙的中心，科學根本就是無稽之談，沒有精靈知道什麼是科學，只是依循著與生俱來的本能生活著。

比思克是整個魔法世界裡，唯一崇尚科學，排斥魔法的精靈，他相信科學將來一定會爲魔法世界帶來深遠的影響。

比思克所堅信的科學，造就了比思克實事求是的處世態度，也讓比思克無法融入精靈的世界裡。

在魔法世界，會使用魔法的精靈不多，精靈們相信，能使用魔法的精靈一定是精靈之神所選上的精靈，代表精靈之神來統治這個世界，所以只要會使用魔法，地位都非常崇高，賽加的父親就是其中之一。但是他們也只能使用單純的魔法，例如操控簡單的物品，或是復原小傷口之類簡單的魔法。

走著走著，賽加突然看見前方的地面，有一個小小的物體自地底下冒了出來。

「那是什麼東西，怎麼從來沒見過？」賽加好奇地問。

比思克藉著月光，凝神看了看，才一臉自傲地說：「那叫作鼴鼠，是一種生活在地底下的生物，牠們非常害怕陽光，所以平常是不會到地面上來的，你能看到牠，也算運氣不錯了。」

「牠們為什麼會怕陽光，陽光很溫暖，照起來很舒服啊！」

「每種生物都有牠們獨特的生存方式，鼴鼠因為長年都生活在地底，所以眼睛幾乎都已經退化了，牠們的視力頂多只能稍微分辨明暗而已。最重要的是，牠們如果受到陽光直接照射，會讓平衡體溫的中樞神經失去調節作用，連呼吸都會變得急促，所以只要受到強烈陽光的短時間照射，就會讓牠們受不了，若照射時間稍長，甚至會讓牠們死亡。」

賽加似懂非懂，但對比思克的知識仍佩服不已。

兩個小精靈在月光的指引下邊走邊聊，很快就到了森林的邊緣地帶。他們站在森林的入口，望著漆黑幽暗的森林，耳邊還不時傳來不知名的蟲叫聲。

賽加猶豫了起來，拉拉比思克的衣袖，打起了退堂鼓。

「裡面好可怕，我看還是算了，我們回去吧！」

比思克轉頭望向賽加，語氣堅定又帶些威脅的口吻。

「我們都已經走到這裡了，我是一定要進去的，如果你怕的話，就先回去好了，我不會勉強你和我一起進去的。」

比思克頭也不回的就朝森林筆直走去，他相信賽加一定會跟上來，因爲他知道賽加沒有膽子自己走回村裡。

賽加轉頭看向後面，村莊早已被淹沒在黑暗之中，只見黑鴉鴉的一片，說什麼也不敢自己走回去，只得硬著頭皮，跑步跟了上去。

賽加一直跟在比思克的身後，一面走還一面埋怨自己，爲什麼要賭氣來這種地方，如果早上不要和其他精靈打賭，現在應該在溫暖的床上，而不是陰森恐怖的森林小徑。

『唉！找什麼會發出黑色光芒的石頭，怎麼會有黑色的光芒呢？光不是都亮亮的嗎？我怎麼會相信比思克，還志願陪他來找這顆不可能存在的石頭。唉！如果和其他小精靈站在同一陣線，現在就不用到這個恐怖的地方。下次我一定不要再意氣用事。』賽加心裡想著，一面搖搖頭還直嘆氣。

「你是不是後悔和我一起到森林裡面。」

賽加挺起胸膛，拍了拍胸脯，說得振振有詞，真是死要面子。

「怎麼會，我一向說得出就做得到，說過要陪你一起來，我就不會後悔。」

「嗯！這才是好朋友嘛，所有精靈都不相信我，只有你信任我，我就要證明給他們看，我才是對的。」

『唉！不會後悔才怪，我寧可在床上睡大頭覺！』賽加心中有千百個後悔，還口是心非。「我們從小一起長大，我當然相信你啊！可是有時候你的想法真的很奇怪。」

「不是我的想法奇怪，是你們不明白事情的真相，我不想和你爭執這些，反正總有一天我一定會證明，我說的都是對的。」

比思克較賽加年長一歲，由於他怪異的思想，使他和精靈們都格格不入，不但沒有同儕相信他的話，還時常因為反駁師長的上課內容而被趕到教室外面。

賽加和其他精靈不同，他喜歡聽比思克講些不一樣的言論，不論相信與否，他都感到非常的有趣，因此兩個小精靈感情特別融洽。

比思克也不明白為什麼自己會知道那麼多所謂的真相，只是經常有個聲音在腦中告訴他許多他從未聽過的事，雖然比思克不知道那個聲音的來源，但他還是堅決相信那個聲音所說的才是真相。

賽加出生時，身上曾發出微微的光芒，但稍縱即逝，只有賽加的母親蘿拉曾注意到，但她並沒有告訴其他的精靈，包括她的丈夫肯特。所以即使賽加非常頑皮，喜歡惡作劇，而且完全不聽勸告，但蘿拉還是相信賽加是精靈之神賜予的小孩，將來一定有非凡的成就。

兩個精靈一前一後的走著，也不知道走了多遠，比思克突然看到前方有一個閃爍著微光的山洞，一閃一閃的昏暗光芒使這個山洞看來增添幾分詭異的氣氛。

興奮的比思克拉起賽加的手，開始向山洞奔去，口中還不停叫著。

「我相信這一顆會發光的石頭一定在這個洞裡，那個聲音就是這麼告訴我的，現在我就去證明真的有這一顆石頭。」

「不要這麼急嘛！石頭又不會自己長腳跑掉，用走的就好了，現在這麼暗，很容易跌……」話還沒說完，腳下已經絆到突起的樹根，整個身體向前飛去，正巧跌在比思克的身上，兩個精靈同時摔在地上。

賽加很快站了起來，拍拍身上的塵土，喃喃自語。

「還好沒受傷，不過真幸運，跌在軟地上，不然準會摔得很慘，奇怪，地上怎麼會這麼軟呢？」

「當然軟啊，你直接壓在我身上怎麼會受傷。還不趕快扶我一下，我的腰差點被你壓斷了。」比思克還趴在地上，用力甩去臉上的雜草。

賽加不好意思地扶起比思克，幫比思克抹去身上的雜草，連聲抱歉。

「對不起！對不起！原來壓到你了，我還在想怎麼才跌了一跤，你就不見了。」

比思克揉揉腰際，和賽加比肩朝山洞走去，他們到達山洞後，賽加看了看四週的環境，似乎發現一些異狀。

「比思克，你有沒有聽到什麼聲音？」

比思克豎起耳朵，仔仔細細地聽了老半天。

「拜託！哪有什麼聲音，不要這麼神經質好不好。」

「就是沒有聲音才奇怪啊！剛才一路走來都可以聽到一些蟲叫聲，怎麼會到這裡全都聽不到了呢？」

這時比思克也覺得有些怪異，但又說不出個所以然，只得硬著頭皮，按下不理。

「不管了，先到裡面找那顆會發光的石頭再說。」

到了洞裡，只見裡面有著很廣大的腹地，還有四個向內延伸的洞口，每個洞內都同樣閃爍著詭異的綠色光芒，看得賽加和比思克心裡毛毛的。

「我們還要再往裡面走嗎？裡面好像很恐怖，我們回去吧！不要再進去了，我總覺得會發生什麼事。」賽加無法預期會出現什麼駭人的怪物，心裡開始害怕，又打起了退堂鼓。

「不行，已經走到這裡了，我們就隨便選一個進去看看。」比思克雖然也有點猶豫，但還是鼓起勇氣，非要一探究竟。

「好吧！那我們要從哪個洞口進去，總不會一個一個的找吧！」賽加雖然心不甘情不願，卻也無可奈何。

比思克閉上眼睛冥想，不一會，彷彿得到了提示般，語氣堅定地指著最右邊的洞口。

「就從這裡進去，絕對錯不了。」

比思克話一說完，就兀自朝著右邊的洞口走去。

『最好是錯不了，反正都已經上了賊船，後悔也來不及了，只好走一步算一步，真希望能趕快離開這裡。』一面想，一面快步跟上比思克。

兩個精靈走在狹窄的洞裡，幽暗的光芒只能勉強讓他們看見前方的路。

賽加突然停下腳步，拉住比思克。

「比思克，等一下，我覺得牆壁怪怪的，你有沒有發現，牆壁好像會動一樣。」

比思克也停下腳步，回頭看了看賽加，用手敲敲牆壁，有點生氣。

「你真的很囉嗦，哪有什麼怪怪的。如果你再這麼神經質，我就把你丟在這裡，讓你自己回去。」

賽加無奈地低著頭，忐忑不安地跟在比思克身後。

走了不久，一條寬約五十公尺且深不見底的裂縫阻擋了他們的去路。

比思克停下腳步，賽加一時沒有留意，把比思克撞個滿懷，幸好比思克眼明手快，及時撐住岩壁，才沒掉到裂縫裡面，不過已經嚇得比思克冷汗直流，心噗通噗通地猛跳。

比思克心有餘悸，回過頭來瞪著賽加，賽加則是一臉愧疚，連聲道歉，使得比思克的怒氣也不知道該不該發作。

「走路要看著前方，你知道剛才有多危險嗎？要不是我身手敏捷，早被你害死了。」

「對不起！對不起！」這時的賽加除了道歉外，實在也想不出其他的話了。

「算了，還是看看要怎麼通過比較重要。」

比思克一面說，一面打量著四週的環境，並開始在岩壁上摸索。

「你在幹什麼！」賽加對比思克的行爲感到莫名其妙，這牆壁上會有什麼機關，賽加實在想不透。

「有了！」只聽見比思克叫道：「就是這個！」

賽加蹲了下來，看著比思克吃力地將一塊微突於岩壁的石塊往下壓。

正在賽加摸不著頭緒的時候，裂縫兩旁竟慢慢伸出石棒，並彼此交疊形成一座石橋。

賽加看得目瞪口呆。「這是什麼東西。」

比思克完全不理會賽加的問題，直接往橋上走去，賽加猶豫著用腳尖先測試石橋夠不夠堅硬後，才敢走上石橋。

有這種機關，表示這裡面必有古怪，通過裂縫之後，他們步步爲營，小心翼翼地前進，絲毫不敢放鬆心情。

走了一段時間之後，比思克雀躍地指著前面不遠的轉角。

「轉過了前面的轉角就到了，然後你就可回去溫暖的被窩。」

賽加聽了比思克的話，臉上出現難以置信的表情，心裡卻不得不相信。

打從進坑洞到現在，比思克彷彿對坑洞內的狀況瞭若指掌，簡直和自家的廚房沒什麼兩樣，這讓賽加沒有理由懷疑比思克的話。

「那我們就快走吧！」

比思克提到溫暖的被窩，正好說到賽加心坎裡，興奮的賽加，一股腦的向前跑去，心中還不斷的想著終於可以回到可愛的被窩。

賽加奮力地跑了許久，但是看起來那麼近的轉角卻始終和賽加保持著一定的距離，賽加跑累了，不由得停下腳步，彎下腰來喘氣。

比思克站在原地，看著賽加氣喘吁吁的模樣，哈哈大笑。

「我都還沒說完，你就迫不及待的跑過去，不過你體力還不錯，跑那麼久才覺得累。」

賽加手扶著牆，喘著氣，哭笑不得。

「下次能不能一次說完，多來幾次我準被你玩到發瘋。」

比思克蹲了下來，摸摸地面，解釋著。「這裡的地面會移動，而且是根據腳尖的方向，作反方向的移動，你跑得再快，都會被送回到起點。」

比思克向後轉，往後踏了一步。「要通過這裡，再輕鬆不過。」

話才說完，已經高速向轉角接近，賽加看得呆若木雞，轉眼間，比思克已經在轉角處向賽加招手。

賽加依樣畫葫蘆，背向前進。

不過賽加可不像比思克那般輕鬆，快速背向前進，會讓人產生一種莫名的恐懼感，何況萬一中途出現障礙物，豈不莫名其妙得撞個人仰馬翻。

直到了轉角後，賽加才鬆了口氣。

他們繞過轉角，出現的竟是山洞的盡頭。

「已經沒有路了，我們回去吧！」

賽加無奈地說著，心中卻是慶幸終於可以讓比思克死心，乖乖回家，想不到比思克也有出糗的時候。

就在賽加心中暗自盤算竊喜之際，比思克竟毫不猶豫，不假思索地向山洞盡頭那尖石密佈的岩壁衝去。

賽加看到這種情形，以為比思克瘋了，想伸手去拉，卻已經來不及，嚇得驚聲尖叫。

「找不到就算了，不要做傻事……。」話還沒說完，比思克竟消失在岩壁之前。

賽加簡直不敢相信眼前的景象，慢慢的走向前，摸摸岩壁，觸感和普通的岩壁沒什麼兩樣，尖銳的石頭，更割得賽加的指頭隱隱作痛。

賽加在岩壁前走了一圈，越走越是害怕，空盪盪的洞裡，只剩下自己一個，走路的回音這時聽來格外恐怖。幾經思量後，賽加決定跟隨比思克的腳步。

退後幾步，賽加直接衝向岩壁，但總在到達岩壁之前緊急剎車，停下腳步，試問有誰能把身體往刀山裡送，而絲毫不感到畏懼呢？

連續幾次下來，賽加始終無法克服心中的恐懼。

時間在賽加的猶豫中一分一秒的過去，恐佈的想像佔滿了賽加的腦子，賽加心中的恐懼終於達到了頂點，使得賽加克服了眼前那座如同刀山一般的岩壁。

賽加閉上眼睛，不顧一切的往前衝，就在撞上岩壁的一剎那，賽加有種異樣的感覺，這種感覺讓賽加不由自主地張開眼睛。

只見岩壁上突起的尖石越來越大，直到眼前出現了一個拇指般大小的小洞，慢慢地，這個小洞已經變成可以容納自己進入的通道，這時賽加才意識到，不是小洞變大，而是自己變小，使得之前小到看不見的細孔竟變成可以通行的山洞。而且有股吸引的力量，將賽加吸入這個洞裡，直到穿越了這個通道，賽加才慢慢的恢復原來的大小。

這段奇異的旅程，是賽加從來都沒有經歷過的，驚魂甫定後，賽加看見比思克就站在一座破舊的銅門前面，口中喃喃自語。「果然沒錯，一切都是真的。」

這個頂端呈半圓形的銅門看起來非常的老舊，就像是歷經了幾千個世紀似的，最奇怪的是門上兩個銅製的野獸頭形雕刻，卻是一塵不染，和剛剛鑲上去的沒什麼兩樣。

賽加走到銅門前面，仔細地打量著這兩個頭形雕刻。

「這是什麼怪物！怎麼從來都沒見過。」賽加伸手觸摸其中一個頭形雕刻，不摸還好，一摸嚇得趕緊縮手。「比思克，你摸摸看，這雕刻是熱的，好像有體溫。」

「我剛才就已經摸過了，我也覺得奇怪，不過既然你也已經來了，我們就進去吧！別理這個頭形雕刻了。」

賽加聞言，立即用力去推這個銅門，但這個銅門卻紋風不動。

「如果這個門可以由一個精靈獨力打開，我爲什麼要等你進來，你現在站到門的另一邊，等我喊開始的時候，我們再同時按下銅門旁的石壁上那個方形按鈕，這樣才能打開這個門。」

賽加疑惑地望著比思克，心中充滿了無數問號。比思克爲什麼總是知道機關在哪裡，彷彿對這洞裡的一切秘密了然於胸，太多的爲什麼，只是不知從何問起。

當他們同時按下銅門兩側的方形按鈕後，銅門發出隆隆的聲響，緩緩打開。

七彩的光芒由門內向外迸射而出，他們瞇著眼走進門內，呈現在他們眼前的是一個充滿莊嚴之氣的聖堂，聖堂最裡面是一座精靈的雕像，雕像兩側分別蹲著四座和銅門上的頭形雕刻一模一樣的石雕，每個雕刻都栩栩如生，充滿著靈氣。

發出黑色光芒的石頭就飄浮在精靈石雕面前，並被七彩的光芒包圍著，黑色的光芒就像是有著生命般，不斷的在七彩光芒中流竄，想要從七彩光芒中逃出似的。這般不可思議的景象，直看得他們目瞪口呆。

賽加實在無法想像，什麼是黑色光芒，即使現在親眼目睹，也難以形容。

從石頭裡散發出來的光芒，就像是黑色、帶著強烈光澤的霧氣，從黑色霧氣裡反射出來的光芒，卻比任何寶石都更加耀眼。

「我就說嘛！賽加，你看是不是真的有這麼一顆石頭，爲什麼他們就是不肯相信我呢？」比思克一邊喊叫，一邊走近散發著黑色光芒的石頭。

賽加飛快的跟了上來，拉住比思克的衣服，發出微顫的聲音。

「比思克，不要去碰那個石頭，我有不好的預感，而且那些雕像好像在看著我們，我們趕快離開，好不好？」

比思克並沒有理會賽加的話，只是著了魔似的向石頭走去。

『把石頭從七彩的光芒中拿出來。』這個聲音不斷在比思克的腦中迴盪，使比思克再也聽不下任何勸告。

賽加當然不會知道有個聲音不斷鼓吹比思克，依然不斷勸比思克不要去碰石頭，賽加越是接近石頭，心中顫慄的感覺越強。

當比思克進入距離石頭三尺之內的範圍時，賽加心跳的速度已經快到無法承受的地步，冷汗從賽加的額頭上不斷冒出，使賽加無法再繼續接近。

無力阻止的賽加，只能眼睜睜的看著比思克走到七彩光芒的前面，緩緩將手伸入光芒之中，將石頭拿了出來。

比思克的行爲，既不協調，又帶著幾分怪異。

在賽加眼中，比思克就如同一個被操控的傀儡，在傀儡師的控制下，完成這一連串的動作。

「比思克，不要拿！」賽加下意識大叫。

這時比思克才發現石頭已經拿在自己手上，石頭一離開七彩光芒，黑氣有如脫繮野馬，不受控制的四下流竄，山洞也隨之開始崩落，八座怪物石雕受到黑氣感染，外殼開始慢慢剝落，從剝落的石殼處，隱約可見到火紅的眼睛和雪白色的皮毛。

面對突如其來的變化，賽加和比思克同時傻了眼。

「賽加！山洞馬上就崩毀了，我們趕快離開這裡。」比思克很快鎮靜下來，開口叫道。

兩個精靈飛快的跑到門外，可以把精靈縮小的岩牆已經崩落大半，他們直接從裂縫中鑽出，頭也不敢回，只是拚命地往前跑。

雕像的石殼完全脫落後，出現的是八隻全身雪白的異獸，連銅門上的異獸也從門上跳了出來。

洞內的異獸很快恢復了活動的能力，飛快地追了出來，強壯的身軀，火紅的眼睛，尖銳的利齒，口中不斷散發出藍色的煙霧，頭上還長著兩隻短而堅硬的角，牠們每一步足足有十多尺遠。

賽加和比思克一路奔跑，很快來到裂縫處，石橋早已經崩毀，這麼長的距離，他們說什麼也跳不過去，但是在這麼危急的時候，就算跳不過去也得賭上一賭。

賽加和比思克鼓足了全身的力氣，奮力往前一跳。在他們起跳的同時，一條全身赤紅的火龍從裂縫中衝出，向比思克咬去，身形一浮，比思克一腳蹬在火龍頭上，這一踩不但把火龍踩得頭冒金星，也讓比思克順利的躍過裂縫。

反觀賽加就沒有這麼幸運，他直接撞上火龍身體，筆直向裂縫跌了下去。

比思克頭也不敢回，很快地跑離了山洞，這時的比思克根本無暇分身顧慮還沒離開山洞的賽加，只是沒命似的在黑暗中向前狂奔，這可能是他有生以來跑得最快的一次。

黑暗中根本就分不清東南西北，況且他也管不了那麼多，反正哪有路就往哪跑。兩條腿怎麼跑得過四條腿，眼看那些異獸就快追上了，此刻他最希望的大概就是能多長兩條腿，或是長個翅膀，以便儘快逃離現場。

突然間，一個巨大的身影躍過比思克的頭頂，落在他的面前，比思克急忙停下腳步，一瞬間已被趕上來的異獸給包圍了。阻在面前的異獸更張著血盆大口朝比思克咬去，就在異獸咬到比思克的剎那間，比思克手中的石頭發出了黑色的光芒，比思克也在光芒中消失了。

異獸撲了個空，還在疑惑時，一位老態龍鍾的精靈騎著火龍來到異獸身旁，只見他伸手撫著異獸的頸子，語氣黯然。

「該來的還是會來，我們已經守護了幾千萬年，也算盡了該負的責任，是好是壞，就由他們自己決定吧！」

老者仰天嘆了口氣，輕拍火龍的頸子。

「豆兒，我們走吧！」

老者騎著火龍，緩緩的消失在黑暗中。

第2章　情竇初開·少女愛琳

魔法世界的精靈，散居在這片大陸各個不同的地方，最多精靈聚集的地方有五個，形成五個大部落，分別是位於大陸東方的伊斯特郡、西方的威斯特城、南方的薩斯城、北方的諾斯郡及大陸中央的桑特西斯城。

桑特西斯城的大長老會議是整個魔法世界的權力中心，它是由各地的長老會議代表所組成的團體，凡是遇到重大的決策，都要經由大長老會議開會討論，取得共識後才會宣佈實施，而一般的地方性問題，則由各地的長老會議決定。

除了桑特西斯外，其他四個城市都與海爲鄰，可藉由沿海較平坦的地方及海路作爲交通要道，因此經濟較爲發達，各式各樣的商品買賣都可以在市場中見到，甚至有精靈出海探險，想要看看在海的另外一頭是個什麼樣的世界，只是這些精靈從此沒有再回來過，久而久之，就沒有精靈敢再遠渡重洋，並且出現一些海獸爲了阻止精靈出海，所以興風作浪讓船沉沒之類的傳說。

在諾斯郡的北方，有一個白色海島，精靈們稱爲極北之地，島上終年是白茫茫的一片，且時有狂風暴侵襲，是魔法世界中環境最險惡的地方。

居住在桑特西斯城週圍城鎮的精靈以務農、捕魚、放牧和狩獵爲主，生活簡樸而平靜。其中最大的莫過於雷洛斯城，它是桑特西斯通往外界的水路要衝，所有要經由水路進入桑特斯西的精靈，都必須在雷洛斯城改爲陸路，才能抵達桑特西斯。

桑特西斯的南方有一個非常大的湖泊，站在岸邊遠眺，甚至看不到對岸，當地的精靈稱這個湖泊爲加帕爾湖，意思爲豐沛之湖，因爲湖裡的魚獲量非常豐富。天氣好的時候，遠方的湖面可以看到一個小島，小島的上空始終籠罩著一股陰森的氣息，根據傳說，小島上住著一個能夠使用各種魔法的邪惡精靈，所以當精靈們在湖裡捕魚時，都會儘量離那小島遠遠的。

連接著加帕爾湖的是精靈們稱爲索科加的廣大森林，意思是黑夜的禁地，爲什麼森林是黑夜的禁地，沒有精靈知道，只是有這麼一個傳說，在森林的深處，住著一隻晝伏夜出、以精靈爲食的怪獸，但始終都沒有精靈見過這隻傳說中的怪獸。這個森林從加帕爾湖的西方，綿延不絕地連接到桑特西斯城的北方。

桑特西斯的西方是一大片的草原和丘陵組成的單調地形，也是精靈們放牧的主要地方，走到西方的盡頭，就是陡峭的山脈，它將桑特西斯城包圍在大陸的中央，使得桑特西斯的對外交通極爲不便。

賽加和比思克就居住在桑特西斯南方距離加帕爾湖不遠，一個叫作月湖村的部落，那是一個相當偏僻的村莊，全村不過百戶精靈。

賽加的父親是長老會議的成員，家世較爲顯赫。比思克的父親則只是以捕魚爲生，但在一次意外中落水溺斃，母親則因憂傷過度，鬱鬱而終，從小失去父母的比思克就依賴賽加父母的接濟生活，但比思克堅持要住在自己家中，說什麼也不願搬到賽加的家中，和他們同住在一個屋簷下。

這種生長背景，使比思克較難與其他精靈相處，唯有從小一起長大的賽加是他僅有的朋友。

*****

「賽加，太陽都曬到屁股了還不起床。」蘿拉坐在賽加的床沿，輕輕叫喚著：「快起床吃早點，不然趕不及上學囉！」

賽加掙扎了許久，才心不甘情不願的爬起來，揉揉惺忪的睡眼，腦袋還在想。『昨晚怎麼會做那麼奇怪的夢，可是這個夢又那麼的真實。』

那個夢境彷佛親身經歷一般，讓賽加不由自主地呆呆回想著其中的過程。

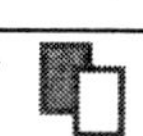

蘿拉看賽加還坐在床上發呆，雙手輕輕捏住賽加的臉頰。

「上課快遲到囉！不要再發呆了，趕快來吃早點。」

這時賽加才回過神來，急急忙忙的下床，梳洗一番後，坐上餐桌。

「怎麼沒看見爸爸呢？」賽加四下張望。

「你爸爸早就出去了，你快吃吧！」

賽加吃了口麵包，問道：「怎麼會這麼早就出門，是發生了什麼事嗎？」

「沒有，大概又是長老會議之類的事吧！」

吃完早點後，賽加就往學校出發，途中巧遇比思克，兩個精靈互相打了聲招呼，比思克伸伸懶腰。

「昨晚我做了一個奇怪的夢，夢到我們兩個到森林探險，還被怪物追，而且感覺好真實，簡直就像親身經歷的一樣，害我早上一醒來覺得腰酸背痛的。」

「是不是我們一起到森林找某樣東西，最後到一個有很多雕像的地方。」

「你怎麼會知道？」比思克也感到詫異，張大了眼睛瞪著賽加。

「我也做了相同的夢。可是我再怎麼想，就是想不起來到底要找些什麼。」賽加聳聳肩，一臉莫名其妙的神情。

他們邊走邊聊，針對昨天相同的夢境討論了許久，不知不覺已經到了校門口，同時他們也得到了一個結論，就是不知道爲什麼會這樣。

對他們而言，這也算是個合理的解釋。

一群精靈朝著他們走了過來，帶頭的是一個叫作羅德的精靈，他們走到比思克的面前，羅德衝著比思克而來。

「比思克，你不是說有一種會發出黑色光芒的石頭，在哪裡啊？」

比思克搔搔頭，一臉疑惑地看著羅德，完全不明白羅德在說些什麼。

羅德有點忿怒，語調微微上揚，指著賽加。

「別想賴，當時賽加也在場，可以作證，賽加，你倒是說說看，有沒有這回事？」

「我根本不知道你們在說什麼，哪有什麼會發出黑色光芒的石頭，你們是不是想太多了。」賽加一臉狐疑，雙手一攤，搖著頭說道

賽加和比思克雙雙否認，羅德嚥不下這口悶氣，一群小精靈就這樣在校門口爭論了起來，雙方僵持不下。

這陣小小的騷動，總算被上課的吼聲所平息，發出聲音的是一隻珠籠，這是一種罕見的雙頭生物，個性溫馴，吼聲響亮而低沈，經過訓練後，用來作爲各式場合的集合號音。

最方便的是兩個頭可以分別發出不同的吼聲，上課用一種聲音，下課用另一種聲音，而且從來不會出錯。

『明明就沒有說過有什麼會發出黑色光芒的石頭，哪會有那種石頭，羅德還說我和他打賭，真是無聊。』

比思克坐在教室，右手托著腮幫子，眼睛盯著在前面自導自演的老師，心中還不停的想著剛才發生的事，完全聽不進老師上課的內容。

「比思克！你在發什麼呆，爲什麼你總是不專心聽課呢？」老師走到比思克的面前。

這時比思克才回過神來，發現老師已經站在自己面前，只好緩緩起身，一副漫不經心，無所謂的樣子。

「又要把我趕到教室外面嗎？這次不用麻煩老師趕，我自己走出去就好了。」

比思克的態度讓老師更加火光，差點破口大罵，但修養不錯的老師還是忍了下來。

「你以爲每個精靈都有機會進到學校裡面唸書嗎？如果不是賽加的父親幫忙，你怎麼會有機會來到學校，你應該好好把握這個機會，學習知識和魔法才對。」

「又不是我想要來的，何況我對魔法沒興趣，你教的知識也不一定是對的，所以我又何必要認真上課。」

老師對比思克好言好語的勸導，比思克毫不領情，態度依舊傲慢。

「滾出去。」比思克的目無尊長讓老師再也按捺不住心中的怒火，氣得微顫地指著教室外面。

比思克頭也不回，瀟灑地走出教室。『反正也不想上課，到處去晃晃吧！』

離開學校後，比思克獨自逛到湖邊，坐了下來。

＊＊＊＊＊

雲輕輕踩著風的足跡，直掠過天邊的彼端，我想高聲歌唱，一個水上的姑娘。西下的晚陽，紅了沉睡的加帕爾湖，清澈聖潔的湖水，洗滌我的心房。我在船兒上，撒下一張命運的網，魚兒啊！請不要悲傷，即使今日你將成為我們的食糧。

一陣優雅清亮的歌聲自湖面傳來，吸引了比思克的注意。

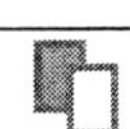

比思克小的時候，母親總會坐在比思克的床沿，唱著歌哄比思克入睡，比思克就在母親悅耳的歌聲中，幸福地進入夢鄉。

自從母親去世後，比思克就再沒聽過如此動聽的歌聲，如今迴盪在耳邊的歌聲，不禁讓比思克回想起從前幸福的時光。

比思克循著聲音望去，只見離岸不遠的湖面上，一位少女正坐在漁船邊，將纖細的雙腳伸入湖中，時而戲水，時而唱歌，兩個彷如鑲上清徹無瑕藍寶石的眼睛，前額隨風搖曳的瀏海，嘴上抿著一抹微笑。在她的身旁還有一個精靈正將漁網撒入湖中。

『**好可愛的女孩！**』比思克目不轉睛的望著這個少女，臉不禁紅了起來。

正在捕魚的精靈名爲歐利，他曾是大長老會議的成員，壯碩的身軀，雙眼精光內斂，一臉濃密的落腮鬍，行事作風豪爽，但因不滿其他長老的專橫作風而被罷黜，於是放棄一切，帶著唯一的女兒離開桑特西斯城。

唱歌的少女名字叫作愛琳，是歐利的女兒，雖然生長於繁榮的桑特西斯城，卻充滿純樸的鄉下氣息。

這對父女離開桑特西斯城後，定居在離月湖村不遠的聖井村，在那個村落有個極負盛名的水井，因為這口井每隔十天就會自動湧出甘甜的泉水，不論身體有任何傷痛，只要喝了這口井的泉水就能自然痊癒，因此有不少來自各地求取泉水的精靈。

這口井不但為聖井村的帶來不小的名氣，更帶來不少的商機。

歐利看見岸邊兩眼直盯著自己女兒的比思克，將船慢慢駛近。

「岸邊那個傻頭傻腦的小子，你叫什麼名字？」

比思克連忙站了起來，恭恭敬敬地鞠個躬。「你好，我叫作比思克。」這般敬畏的態度，連比思克自己都覺得不可思議。

若賽加看見平時倨傲的比思克，竟出現這種畢恭畢敬的態度，定笑到人仰馬翻。

「原來你就是十次上課九次被老師轟出教室的比思克啊！真是久仰大名，可是今天看起來怎麼和傳聞的不一樣呢？」

比思克可壓根也沒想過自己竟會這麼出名，真是好事不出門，壞事傳千里。

比思克有些手足無措，不好意思地搔搔頭，一臉無辜。

「沒有啦！沒那麼離譜，我哪有那麼誇張。」平時能言善道，高傲不群的比思克突然變得木訥，連話都說不清楚。

歐利將漁網收了起來，把船靠岸，大步走到比思克面前，按著比思克的肩頭。

「不用不好意思，之前聽到你的傳聞，還覺得你蠻有趣的，想和你認識認識，你這樣反而讓我覺得失望。」

比思克抬起頭才發現，歐利足足高出自己一個頭，在他的面前，自己實在顯得微不足道，再看到船上的愛琳，正微笑地望著自己，馬上滿臉通紅，低下頭來，說話結結巴巴。

「其實，我本來不是這樣的，只是……只是……。」在這對父女的面前，口結彷彿變成比思克的拿手絕活。

「看你今天這個樣子，也說不出個所以然，這樣吧！我家就住在聖井村，有空可以到我家來坐坐，我叫歐利，我女兒叫作愛琳，到村裡隨便問都可以問得到我住的地方，不過下次如果再這樣彆扭的話，就別來了，我想認識的是傳聞中那個不拘小節，直來直往的比思克，別再讓我失望，懂嗎？」

比思克點點頭，瞄了愛琳一眼，又立即低下頭來，直到歐利父女的船慢慢遠離，比思克才緩緩抬起頭來，望著逐漸消失在湖面上的船影，不禁雙手猛敲自己的腦袋，懊惱不已。『我真是笨蛋，怎麼會一句話都說不出來呢？莫非是……。』想到愛琳甜甜的笑靨，心中不禁一陣的甜蜜。

歐利父女離開之後，比思克再度坐了下來，望著湖面遠方的小島，滿腦子想的都是愛琳的身影和她動人的歌聲，直到身後傳來一陣叫喚聲，才將比思克拉回到現實的世界。

「比思克！原來你在這裡，害我四處找你。」賽加從身後跑來，對著正在發呆的比思克叫道。

比思克回過神，站了起來，轉身面對狂奔而來的賽加。

「看你跑得氣急敗壞的樣子，是天塌下來了是不是？」

賽加早已習慣比思克的說話方式，絲毫不以爲意。

「你還記得夢裡那些怪物的樣子？」

「當然記得，怎樣，牠們從夢裡跑出來追你了嗎？」

「當然不是，牠們怎麼可能從夢裡跑出來，但是我看到牠們了。」

「真的？在哪裡，趕快帶我去看看，讓牠們跑掉就看不到了。」

心急的比思克拉著賽加就要往村子裡跑。

「不用那麼急，它們不會跑掉的，我想先跟你討論那個夢。」

現在換賽加氣定神閒，一付悠哉的模樣。

「你是在哪看到的，爲什麼不會跑掉？」

「因爲那只是雕像，雕像怎麼會跑掉？所以說不用那麼急。你還記不記得那些怪物的模樣和數目。」

比思克摸著下巴，仰著頭想了想。「精靈雕像旁八隻，銅門上兩隻，一共是十隻，至於長得什麼模樣，倒是有點忘記了。」

比思克會忘記也是正常的，現在的他滿腦子只有愛琳的模樣，哪還記得住夢中怪物可怕的樣子。

「我看到的雕像數目正好一模一樣，而且是八隻石雕像，兩隻銅雕像，你說巧不巧？」

賽加興高采烈、手舞足蹈地說。

比思克毫不留情地敲了一下賽加的腦袋。

「你是腦袋壞掉了是不是，這有什麼好高興的，說不定是什麼不好的預兆。」

『又敲我頭！』賽加心裡嘟囔著。

「這倒也是，不過現在好多精靈都在聚靈堂裡看這些雕像，大家都議論紛紛，長老們還說要把這些雕像送到桑特西斯城，請示大長老會議的祭師們該如何處理，我也是覺得事情有點奇怪，你平常不是都有特別多怪怪的想法，所以我才到處找你，想聽聽看你的意見。」

「你覺得那只是一個夢，還是我們真的到過森林了？」

比思克沉思了半晌，想不出個所以然來。

「我想，應該只是夢而已，不然你掉到那麼深的裂縫裡，怎麼一點傷都沒有，應該只是巧合罷了，先別理這些，我們還是先到聚靈堂看看吧！」

聚靈堂是精靈們供奉精靈之神的地方，全村的精靈每個月都會到此聚會，膜拜精靈之神，以祈求平安。

他們來到聚靈堂時，聚靈堂的大門已經關閉，但門外仍是擠得水洩不通，每個精靈都在討論著這些雕像。

比思克看到這個情形，心想是看不到雕像了，索性暫時不去理會，畢竟現在最吸引比思克的是愛琳。

比思克對賽加神秘的笑了笑。「反正現在也看不到了，我們先回去，我告訴你一件事情。」

看到比思克笑得如此神秘，賽加的雞皮疙瘩不禁紛紛起立肅敬。

「什麼事讓你變得這麼……奇怪。」賽加實在找不到什麼好的形容詞，來形容比思克現在的表情。

比思克帶著賽加來到沒有精靈的地方，四下看了看，才放心地說道：「我今天遇到一個很可愛的女孩喔！我想我是喜歡上她了。」比思克說著，臉上還帶著甜蜜的笑容。

「是誰那麼倒楣，讓你給看上了。」

「你說什麼？」比思克毫不留情，用力地敲了下賽加的頭。

「跟你開玩笑的，幹嘛出手這麼重，頭都腫起來了啦！」賽加摸著頭，嘟著嘴抱怨。

「我也是跟你開玩笑的，誰叫你的頭這麼不經打，輕輕打一下就腫起來了，我都還沒跟你抱怨手被你的頭撞疼了呢！」

反正從小到大，賽加總是說不過比思克。

「好啦！好啦！反正我一定辯不過你。說真的，你今天遇到的女孩是誰呢？竟能迷得你神魂顛倒的。」

想到愛琳，比思克的臉頓時又紅了起來。

「是聖井村的愛琳，他的父親歐利還邀請我去他家坐坐喔！」

「聖井村？很遠呢！他又不認識你，怎麼會請你到他家做客？」

「就在隔壁而已，很近啦！只要翻過兩座小山，再走個三天就到了，哪會很遠，何況他說早就聽過我的名字，也很想認識我呢！」

「當然聽過你的名字，你的惡名遠播，有誰沒聽過呢？」賽加邊說邊笑，差點沒笑到岔氣。

比思克額上的青筋浮現，捲起右手的衣袖，再一次用力敲了下賽加的頭。

「什麼惡名遠播，我是有個性、有主見，博學多聞，哪像有些精靈，不懂還自以爲是，滿口胡說八道。」

「我只是開玩笑的，你又打我，你看啦！腫上加腫，兩包了啦！」賽加抱著頭，蹲到地上，口中不斷地抱怨。

「誰叫你愛胡說八道，被打活該。」比思克雙手交叉在胸前，理直氣壯地說著。

「不跟你計較，對了，你知道要越過那兩座山要多少時間嗎？至少要五天以上，你自己要怎麼去？我看還沒到聖井村，你就已經餓死在山裡了。」

「這倒是個難題，那你有什麼好方法嗎？」

賽加拍了拍胸脯，信心滿滿。

「當然有啊！坐船最快了，若是坐船的話，只要一天就可以到聖井村了。如果需要的話，我可以請我父親協助，幫你弄艘船。」

雖然比思克自恃聰明，常常欺負賽加，但賽加總會爲比思克著想，只要比思克有困難，一定全力以赴，協助比思克渡過難關。

比思克看到賽加這麼爲自己著想，反倒有點不好意思，摸摸賽加的頭。

「頭還痛不痛，對不起，我不是有意打你的，以後我不會再敲你的頭了，不過誰叫你老愛開我玩笑。」

「當然痛啊！不過我也不該老愛開你玩笑，但是，我就是喜歡開你玩笑，好玩嘛！」

比思克又習慣性的舉起右手，賽加連忙轉身就跑。

「才說過就忘了，羞羞臉，你這樣反覆無常，愛琳怎麼會看上你呢？」

「看你還亂說，這次非敲得你頭破血流，跪地求饒不可。」

賽加和比思克就這樣追逐、嬉鬧著。

回到家中，看見父親愁眉深鎖，賽加實在很想問問原因，又擔心無緣無故被捲入暴風圈，心念一轉，悄悄走到母親蘿拉的身旁，對母親咬耳朵。

「爸是怎麼了，是吞了火球啦！怎麼看他好像隨時會噴火一樣，害我都不敢和他說話。」

「我也不知道發生了什麼事，他打從一回來就一直坐在那發呆，一句話也不肯說，實在是叫我擔心。」蘿拉搖搖頭，無奈地說道，突然話題一變，問到賽加身上。「倒是你，今天怎麼這麼晚回來。」

「今天比思克認識了一個鄰村的女孩，看他害羞的樣子實在是很好笑，妳沒看到真是可惜。」

「不可以取笑比思克，以後如果你遇到一個讓自己心動的女孩，你也會有相同反應的，那時你會希望得到的是祝福，而不是嘲笑，懂嗎？」

賽加乖乖的點了點頭，蘿拉接著問：「對了，今天外面亂哄哄的，在討論什麼石雕的事，問你爸，你爸又不肯說，你知道是什麼事嗎？」

「當然知道，就是在聚靈堂出現了十個雕像，八個石頭刻成的，二個銅刻的，而且都長得一模一樣，大家都在討論這究竟代表什麼預兆。」

「蘿拉、賽加，你們倆坐到這裡來，我有些事要告訴你們。」一直在一旁沉默不語的肯特突然開口。

蘿拉和賽加聽到肯特沉重的語氣，心情頓時沉了下來，悶不吭聲地坐到肯特的身旁。待他們坐了下來，肯特嘆了口氣。「你們都知道聚靈堂發生的事吧！長老們也決定要將雕像送到桑特西斯城，而且要由我負責運送。」

「送就送啊！幹嘛要煩惱？」賽加不知道事情的嚴重性，還一副輕鬆自在的神情。

「先不要插嘴，聽你爸怎麼說。」

「送？要怎麼送？每個雕像都重達十噸以上，而且從這裡到桑特西斯城要多久的時間，會經過哪些地方，你們知道嗎？」肯特無奈地嘆了口氣。

蘿拉和賽加同時搖搖頭。

「其實我也不清楚，畢竟我自己也沒去過桑特西斯城，根據到過桑特西斯的長老說，就算使用飛行掃帚，也要十多天，何況還要帶著這麼重的雕像，他們估計至少要花半年的時間，而且還會經過迷霧森林、雷谷等充滿怪物和天險的地方。」

「繞道就可以啦，爲什麼一定要經過那些地方。」

「從哪繞？你知道嗎？就是因爲全村的精靈都不知道怎麼辦，這件事才會落到我身上，誰叫我是長老會議中最年輕的，只得擔下這個差事。」肯特再度嘆了口氣。

「船到橋頭自然直，不說這些了，對了，剛才聽到你說比思克的事，對方是誰你知道嗎？雖然比思克不是我們家的孩子，不過他爸是我的好朋友，而且我從小看著他長大，也當他是自己的小孩，如果有需要，我們還是得幫幫他的忙。」

賽加甫一進門，就感受到家中的低氣壓，以致遲遲不敢提及比思克的事，現在肯特先行開口，倒讓賽加如釋重負。

「我正煩惱要怎麼開口，聽到您這麼說實在是太好了，這下總算可以向比思克交待了。」

肯特對賽加的一番話感到莫名其妙。「你在說什麼，我怎麼都聽不懂，麻煩你清清楚楚、仔仔細細的說一遍。」

「對不起，事情是這樣的。比思克認識了聖井村一個叫作愛琳的女孩，女孩的父親歐利希望邀請比思克到聖井村作客，但是你也知道聖井村真的很遠，但是如果從加帕爾湖走水路的話，大概只要半天就可以到了，所以我才答應他，要替他想辦法弄到一艘船，達成他的心願。」賽加吐了吐舌頭，把話重新敘述一遍。

「懂得替別的精靈著想，真是好孩子。」蘿拉輕撫賽加的頭，讚許有加，轉頭望向肯特，見肯特似乎在想些什麼。「親愛的，你在想什麼？你不是才說要幫比思克的嗎？」

肯特似乎若有所得，開心的笑了起來，摸著賽加的頭。

「多虧了你，幫了我一個大忙，明天我就馬上請長老們下令造船。」

「不用這麼大的陣仗吧！造艘小船還需要動用到長老會議，我們自己來做就可以啦！」

蘿拉也點點頭。

「你們有所不知，之前我也考慮過從水路將雕像運到桑特西斯，只是到桑特西斯的水道複雜艱險，急渦亂流密佈，我們對那些水域不熟，不敢輕易冒險，因而作罷。你們知道歐利是誰嗎？」

賽加和蘿拉對望了一下，肯特接著說道：「你們當然不知道，只有我們長老會議的成員才知道，歐利原是桑特西斯城的大長老之一，因爲不滿某些大長老的專橫而遭到罷黜，只聽說他離開桑特西斯城後，以捕魚爲生，卻沒想到他就住在聖井村，他一定有辦法幫我們將雕像送到桑特西斯城。」

賽加聽得一頭霧水。「那和比思克有什麼關係，我們不是要幫比思克嗎？您怎麼只想到自己的事。」

「笨孩子，我們找比思克一起到桑特西斯城不就好了，如果歐利肯幫忙，不但可以讓你和比思克到桑特西斯城見識一下，而且還可以增加比思克和愛琳相處的機會，不是一舉兩得嗎？」

蘿拉聽得直點頭稱讚，賽加更是高舉雙手叫好。「那明天一早，你就去請長老會議下令造船，我好想到桑特西斯看看。」

肯特放下心中的大石，和蘿拉相視而笑。

第3章　惡夢成真・聖殿神獸

入夜之後，寧靜的街道突然出現一條鬼祟的身影，穿梭於草叢中、岩石後、暗巷裡，在月光的照映下，才看清這條鬼祟的身影，原來是屬於比思克的。

比思克是個好奇心極重的精靈，怎麼可能會放棄看雕像的機會，只是既然白天進不來，乾脆就利用晚上來看個清楚。

另一方面，這些雕像可能和夢境相關，或許可以藉由這些雕像解開夢境之謎，若等到雕像被送到桑特西斯城，可能就再也看不到了，因此比思克打定主意，今晚一定要好好研究雕像。

比思克躡手躡腳、偷偷摸摸地來到聚靈堂附近，悄悄注意著週圍的動靜，根據比思克觀察的結果，整個聚靈堂除了一個正在門口打盹的精靈看守，已經沒有其他精靈。

偵察結束，比思克無聲無息地繞到聚靈堂側面，輕輕打開窗子，進到了聚靈堂後，再緩緩關上窗子，深怕發出一點聲音，因爲即使是一點聲音，在寧靜的夜裡，都會變成極大的聲響。

聚靈堂的窗子都是黑色不透光的，精靈們認爲聚靈堂是靈氣聚集的場所，而陽光會將靈氣蒸散，所以將整個聚靈堂建得密不透光，即使窗子也要用光無法穿透的黑色，以

保存靈氣，只有在精靈聚會前一天，才會將窗子打開，讓舊的靈氣蒸散，重新凝聚新的靈氣，這樣才能讓村子永保平安。

聚靈堂內伸手不見五指，比思克從口袋中拿出正在睡覺的咕嚕蟲，在蟲腳上綁上細線，甩了兩圈，咕嚕蟲才醒了過來，開始展開翅膀飛行，週圍也慢慢亮了起來。

咕嚕蟲是一種生性喜好睡覺的小蟲，飛行的時候，翅膀會藉由磨擦放出冷光，是精靈們用來當作照明的工具。

火對精靈們來說，只能當作烹煮食物之用，因爲多數的精靈認爲火是一種危險的象徵，過度使用必會帶來大災難，所以火雖然也有良好的照明作用，精靈也不會把火使用在照明用途上。

在咕嚕蟲的照明之下，比思克終於可以看清楚雕像的樣子，比思克在十座雕像週圍繞了兩圈，把腳步停駐在其中一座雕像前面，『既然十個雕像都差不多，乾脆我就好好研究這一個好了。』

打定主意，比思克便開始研究起眼前的這個雕像。

比思克首先用手在雕像的頭上敲了敲，傳來的是厚實的回音。

『嗯！應該是實心的。』才想到這裡，被比思克觸摸過的雕像，眼睛竟開始發光，看到這個情形，比思克心驚膽跳，不由自主地後退了一步，腳被另一座雕絆了一下，慌忙中手卻按到另一座雕像上，那座雕像也開始蠢蠢欲動，比思克嚇得張大了嘴，不敢再碰其他的雕像，趕緊溜到聚靈堂的角落，探出半個頭，靜靜觀看雕像的動靜。

比思克觸摸過的兩座雕像慢慢地張開嘴巴，藍色煙霧從雕像口中噴了出來，牠們身上的石殼也開始剝落，這個情形簡直就像是夢境的翻版，看得比思克目瞪口呆、驚愕不已，心噗通噗通地跳個不停。

比思克趕緊將咕嚕蟲收起來，大氣也不敢喘一個，深怕被眼前的怪物發現。

當雕像的石殼完全剝落，其中一頭怪物竟開口說話。

「亞斯，怎麼其他同伴沒有醒來。」

比思克簡直無法置信，從這隻怪物口中說出的聲音，竟像個少女般動聽。

另一頭怪物不斷的打量著四週，火紅的眼睛不斷發出異樣的光芒。

「瑪莎，先別管這個，妳有沒有聞到什麼味道。」

瑪莎點了點頭，四下張望。

「是牠的味道，雖然很淡，但的確是牠的味道。」

亞米契斯脫離聖堂七彩結界的禁錮後，就像蒸發了一樣，失去蹤影，若不把尚未復活的亞米契斯找回來，將爲魔法世界帶來什麼樣的災難，聖獸們實在不敢想像。

亞斯向前踏了一步。「沒錯，我也覺得是牠的味道，把牠找出來。」

瑪莎也開始四下尋找，希望能從這淡淡的味道中，找出一點點關於亞米契斯的蛛絲馬跡。

天啊！石雕不但會動，還會對話，這可把比思克給嚇壞了。比思克摒住呼吸，像受驚的老鼠，不斷地在地上到處亂爬，找尋可以藏身的地方，但再怎麼爬，都會避開其他的雕像，深怕再觸摸到其他的雕像，兩隻就已經夠可怕，再多來幾隻，那還得了，雙方就這樣在聚靈堂裡展開一場驚心動魄捉迷藏。

聚靈堂畢竟不是什麼大地方，比思克很快就被亞斯和瑪莎發現，雙方由捉迷藏演變成追逐戰。

比思克怎麼敵得過敏捷的亞斯和瑪莎，幾秒鐘就被困在角落裡了。

自覺得這次肯定劫數難逃，比思克除了無助地閉上眼睛，等待死神的宣判外，再也想不出其他可以逃出生天的法子。

亞斯好奇地看著縮在角落發抖的比思克，滿臉不解的疑惑。

「你是誰，爲什麼你身上會有牠的味道。」

聽到亞斯莫名其妙的話，比思克不由得張開了眼睛，嘴巴微微顫動，卻一句話也說不出來，身體依然縮成一團，想動也動不了。

瑪莎仔細地打量著比思克，轉過頭笑著對亞斯說道：「我認得他了，他就是把亞米契斯帶離聖殿的精靈。」

「難怪他的身上會有牠的味道，快把牠交出來！」

亞斯兇狠的盯著比思克，面對著亞斯眼中懾人的紅色光芒，比思克嚇得魂飛魄散，想叫又叫不出聲音。

「快把牠交出來，否則你休想活著離開這裡！」

亞斯再一次的威脅，讓比思克不由得聲嘶力竭地大叫。

「我不知道你在說什麼，救命啊！」

「亞斯，你又何必這樣嚇唬他呢？」瑪莎溫柔平和地說道：「小朋友，你不用怕，我們不會傷害你，把亞米契斯交給我們，你就可以離開了。」

「我不知道！救命啊！有誰來救救我！」現在的比思克哪還聽得下瑪莎說些什麼，只是不斷地大喊救命。

「誰在裡面！」突然大門被打了開來，門口守衛的精靈望裡面叫道。

看到大門打開，比思克如得大赦，連滾帶爬的衝到門口，拉住守衛精靈的手，身體還不住地顫抖。

「庫伯，石雕是活的，剛才牠們還攻擊我。」

庫伯看了看四週，生氣地板起臉孔。

「你在做夢是不是，石雕不是全都好好的在那裡嗎？長老說在把這些石雕送到桑特西斯之前，禁止任何精靈到聚靈堂裡面，你爲什麼來這裡，想害我是不是？」

比思克戰戰競競的回頭，整個聚靈堂裡面，好像什麼事都沒發生過，比思克餘悸猶存。

「剛才就當是我胡說八道，庫伯，拜託你，千萬別和其他精靈提過我到過聚靈堂的事。」現在的比思克只想趕快離開，於是隨便敷衍個兩句。

庫伯一副理所當然的神情。「我當然不會說出去，不然讓長老們知道你偷偷跑進去，我也得揹個失職的罪名，我才不想擔這個罪，所以你也不能說出去，懂不懂？」

比思克漫不經心地點了點頭。

「放心好了，我不會說出去的。」兩個精靈彼此協議完成，比思克馬上三步當兩步跑，匆匆忙忙的離開聚靈堂。

『絕對不可能是幻覺，牠們一定是活的，可是為什麼只有我碰到的雕像才會復活，還有牠們說那個亞什麼的，到底是誰。自從做了那個夢之後，怪事就接二連三的出現，這到底是什麼預兆，是福是禍呢？』

比思克回到家後，躺在床上，不斷的思索著這些問題，可能是剛才緊張過度，體力消耗過多而有些虛脫，不知不覺就睡著了。

睡著不代表可以休息，亞斯和瑪莎可怕的身影仍不斷縈繞在比思克的腦中，讓他翻來覆去，不得好眠。

賽加一大早就迫不及待地跑到比思克家門口敲著門。

『如果告訴比思克這個好消息，他一定會高興的跳起來。』想到這裡，賽加不由得

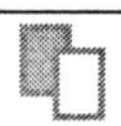

開懷的笑了出來。

比思克睡眼惺忪的打開門，口中還在咒罵。

「是那個無聊的傢伙，這麼一大早就來煩我。」昨夜的驚嚇讓比思克餘悸猶存，一夜輾轉難眠，一開門就看見賽加笑嘻嘻的站在門口，心中更是火大。

「你這個傢伙幹什麼都好，就是別來煩我，我想靜一靜可不可以，求求你離我遠一點。」

「我是來告訴你一個好消息的，你幹嘛這麼兇？」賽加仍然一臉笑嘻嘻的模樣。

「最好是有好消息，不然看我饒不饒你。」

「我爸要你和我一起送石雕到桑特西斯城……。」賽加興奮地比手劃腳。

比思克聽到石雕，不等賽加把話說完，重重在賽加頭上敲了一下。

「這算什麼好消息，我不去。」說完就用力把門給重重關上，留下錯愕的賽加呆呆地站在門外。

賽加對比思克的舉動感到百般不解，平時好奇心那麼重的比思克，怎麼會對石雕一點興趣也沒有，還這麼生氣。

「難道你不想見愛琳嗎？」疑惑的賽加忘了頭上的疼痛，繼續敲著門

「送石雕關愛琳什麼事？」比思克氣沖沖的坐在椅子上，隔著門說道

「當然有關啊！愛琳的父親歐利本來是桑特……。」

賽加把父親的建議說了一遍。

『剛才又打錯賽加了，他一直在為我著想，怎麼我老是欺負他呢？』滿心的歉意，讓比思克覺得不好意思。

沉思了一會，比思克依然語氣堅定的拒絕。

「我不想去。你回去吧！我是不會跟你們去桑特西斯城的。」

比思克的答案讓賽加無法理解，明明就很想見愛琳，爲什麼不想去。

不論賽加再怎麼說，比思克的答案仍是堅決地拒絕，其實賽加怎能想得到，比思克昨晚的驚險遭遇，讓比思克根本不想再看到石雕，甚至一想到石雕，心頭就籠罩著一股莫名的恐懼感。

遭到比思克一再拒絕，賽加只能懷著滿肚子的疑惑，慢慢地走回家去。

肯特的建議在長老會議中受到了肯定，造船的工程就在長老的命令下，日以繼夜的

展開，賽加也是同樣的忙碌，每天都試圖說服比思克，但總是無功而返。

眼見造船工程一天一天接近尾聲，十天後，一艘足以載著十座雕像的大船，雄偉地停泊在加帕爾湖的碼頭。

精靈們更費了九牛二虎之力，將十座雕像一一運到船上，等待明日出航。

出發前一天，賽加最後一次來到比思克家門前，做最後努力。

「不論你在不在家，我都有些話要說。我不知道為什麼你不想和我們一起到桑特西斯城，但是我知道你很想見愛琳，就算你不去，對我也沒有什麼損失，你知不知道為什麼我每天都來勸你？」

「雖然你常欺負我，但是我並不在意，因為我一直把你當作兄長一樣尊敬，只要能夠幫你，即使只是一點小事，我都會覺得很開心。你也知道我比較不會說話，但我是真的希望你能和我們一起去，希望你能好好想一想，明天一早我們就要出發了，如果想去的話，隨時都可以過來。」

經過了十天努力，賽加也不得不宣告放棄。

賽加的話，聽在比思克的耳中，既感動又感慨，百感交集的比思克不斷問自己，究竟自己在怕什麼，不過就是雕像而已，有什麼好怕的。

幾天下來，連那天晚上的事到底是不是幻覺，自己都無法肯定了，若是幻覺，錯失了這次機會，肯定會後悔一輩子，若是真實，在船上遇到那些怪物，就叫天不應、叫地不靈了，這種矛盾不斷地困擾著比思克。

以比思克的個性來說，應該算是個天不怕、地不怕的精靈，既然連失去生命都不怕了，那到底怕些什麼呢？這點連比思克自己也想不通，只是一想到牠們眼中散發的異樣光芒，在那些怪物的面前，連呼吸和心跳都不能自主的壓力。那無窮無盡的壓迫感，簡直比失去生命還要可怕。

比思克就在這種矛盾的心情中，渡過了這十天。

當朝陽緩緩從東方昇起，數以百計的精靈早已群聚在加帕爾湖的碼頭，舉行盛大的送別會，這種場面在月湖村是難得一見的，畢竟要將十座來歷不明雕像送到桑特西斯城，中途會遇到什麼危險，沒有精靈可以預料，何況這些神秘的雕像是好是壞都還不知道，所以全村的精靈都懷著虔誠的心，預祝肯特這次的任務能夠平安順利的完成歸來，隨行的二十幾個精靈的家屬，也齊聚在碼頭旁互道祝福。

長老法頓看吉時已到，下令起錨開船。

法頓是月湖村長老會議的首席長老，總是倚老賣老，不聽其他精靈意見，所以長老會議美其名是一個共同討論的決策團體，但實際上都是法頓在操縱整個長老會議，其他精靈雖頗有微詞，但只是私下說說，從沒有精靈敢違背法頓的意見，只有肯特有時會仗義直言，也因此運送石雕的重責大任才會落到肯特身上。

「等一下，我也要去。」遠處突然傳來比思克的叫聲。

一夜的思考，比思克終於克服心中的恐懼，畢竟愛情的力量還是遠勝過一切。

「延誤了開船的時間，是不祥的預兆，趕快開船，不要再等了。」法頓見船還停在碼頭，氣急敗壞的叫著。

肯特不理會法頓的命令，仍堅持要等比思克上船。肯特的堅持，可氣壞了法頓，權力在握的法頓怎麼也想不到肯特敢公然違背自己的命令。

「肯特，你不在預定的時間開船，延誤良時，替這次的航程種下的惡兆，若途中有什麼意外，你必須要擔起所有的責任。」

「比思克志願參加這次的任務，我沒有理由拒絕，如果是你要上來，我一樣會等你的，請問法頓長老，你要參加嗎？」對法頓的話，肯特完全當作馬耳東風，置之不理。

肯特的搶白，讓法頓一時氣結，半晌說不出話來。肯特和法頓的爭執讓在場的精靈感到非常不安，個個憂心忡忡，彷彿這趟旅程真的會遇到什麼兇險，整個碼頭瞬間變得亂哄哄的。

「臭小子，都是因為你才延誤了吉時，若有任何差池，回來一定饒不了你。」法頓回頭看著比思克，口中不停地罵著。

比思克飛快地跑到碼頭，不理會法頓，直接上了船，站在甲板上看著法頓，扮了個鬼臉。

「有事只會推給別的精靈，什麼都不敢承擔，當什麼首席長老，我看這個首席長老讓肯特長老當還比較合適。」

比思克的話直是說中了許多精靈的心坎裡，但他們也只敢在一旁暗自竊笑，不敢表達出來。

「比思克，小孩子別胡說。」肯特把比思克拉到一旁，怕他繼續胡言亂語下去。

說完還對比思克會心一笑，但馬上收起笑意，轉頭對法頓說道：「法頓長老，吉時延誤已經是事實，再說也沒有用，我們現在就出發了，你放心，我以生命保證，我一定會圓滿完成任務的。」

肯特的話讓許多精靈放下心中的大石，紛紛平靜了下來。

經過了這個小小的插曲，船終於慢慢地駛離碼頭。

「有些話是不能亂說的，否則可能會有很嚴重的後果，尤其是對法頓那種心胸狹窄又掌有大權的精靈，說話要更小心，懂嗎？」肯特拍拍比思克的肩膀，慎重地交待。

「賽加在哪裡？」話才說完，就聽到賽加在身後說話。

「我就知道你會來，是不是被我的話感動了啊！還故意裝酷，死要面子。」

比思克差點又想要敲賽加的頭，若不是肯特在場，比思克肯定會敲賽加的頭。

「你剛才跑哪去了？」

「我剛才在第一內艙看那些雕像，蠻有趣的，你要不要一起去看看。」

「我不想看，最好連提都不要提。」聽到雕像，比思克是敬謝不敏，急忙拒絕。

「爲什麼？創造那些雕像的手藝簡直就是巧奪天工，每個都栩栩如生，你真的一點興趣都沒有嗎？」

比思克摀住耳朵，轉頭就走，完全不理會賽加。

「不去看那些雕像真的很可惜，走嘛！」

賽加糾纏的工夫可謂一流，馬上跟了上去，不停在比思克身旁鼓吹。

比思克看看四週，見肯特已經離開甲板，狠狠的敲了下賽加的頭。

「你還說，以後不准在我的面前提起雕像的事，否則要你好看。」

「好嘛，這麼兇，以後不在你面前提就是了。」賽加抱著頭嘟著嘴，不停地埋怨。

抱怨完馬上跑到比思克的身後。

「雕像就在第一內艙，我們一起去看好不好。」

比思克轉身狠狠瞪了賽加一下，賽加後退兩步，一臉無辜。

「你只說不准在你面前說，又沒有說不准在你背後講，這樣也不行。」

「不行，前後左右上下都不能講。」比思克語氣堅定，斬釘截鐵地說道。

賽加想了想，兩個鬼靈精似的眼珠轉啊轉的。

「那用比的行不行。」

比思克實在不知道是該哭還是該笑，捲起右手袖子，用威脅的口吻嚇唬賽加。

「都不行，連想都不行。」

「這麼霸道，連想也不行，就算我用想的，你又知道了。」賽加不以爲然。

「懶得理你！」

比思克已經氣到不想理會賽加，逕自走到控制艙找肯特閒話家常。

賽加獨自坐在甲板上，雖然平時喜歡玩笑嘻鬧，但腦子可不笨，他早已經想到比思克一定早就看過雕像，而且有過一段很可怕的遭遇，所以才會連提都不想提，只是賽加再聰明，也猜不到雕像竟然會攻擊比思克。

遇到問題，一定要得到滿意的答案，這是賽加的個性，因此，賽加下定決心，一定要在到達桑特西斯城之前，把比思克的問題找出來。

既然已經下定決心，接下來就要開始想要怎麼做了，賽加順勢躺到甲板上，享受湖面吹來微涼的風，看著賞心悅目的白雲，在空中變化著曼妙的舞姿。

經過了一天航程，船已經到達聖井村，這一天之中，賽加不斷地纏著比思克追問雕像的問題，當然免不了要被比思克敲頭，所以一天下來，賽加的頭已經腫得像釋加牟尼。

對於賽加頭上的變化，肯特當然也注意到了，追問之下，賽加只好搪塞是被蝠蜂叮的，雖然肯特不太相信，但既然賽加都這麼說了，肯特也不好再追問下去，賽加實在想不到，這樣也能矇混過去。

船在聖井村碼頭停妥後，肯特即帶著賽加和比思克前去拜訪歐利，肯特很誠懇的說明了來意，歐利聽完肯特的說明，面有難色地沉吟了一會。

「到桑特西斯城的水道，沒有你想像中的容易，尤其是金石峽，潛藏無數的急渦暗流，兇險萬分，若是不識水道的精靈，必會被困而無法脫身。」

「正因如此，才要請你相助一臂之力，協助我們順利完成這個任務。」

「我立過誓，不再回到桑特西斯，所以恐怕無法幫你們，真是對不起。」

「你不肯回桑特西斯的原因，我早有所聞，但這次若是沒有你的協助，恐怕無法完成，任務失敗事小，船上數十條性命，若因而發生不幸，才是最大的遺憾。素聞歐利行事豪爽，不拘小節、路見不平，仗義相持，何苦為了一個誓言，枉顧數十條性命。」

『要是歐利不去，這趟不就白跑了。』

見歐利仍猶豫不決，比思克不禁擔心起來，心裡一急，不由得火上加油。

「一個誓言難道比數十條性命重要，看你今天這個樣子，和當時初見面時的我也差不了多少，看你這個樣子實在令我失望，想到那天你訓我的樣子，再看看你現在的模樣，我就覺得羞恥。」

比思克的話，讓賽加和愛琳同時笑了出來。

「比思克，你怎麼比我爸訓我時還兇。」賽加更調侃地說。

肯特臉色一沉，將比思克拉到身後。「小孩子別胡說。」轉頭對歐利說道：「真是對不起，小孩子的胡言亂語，別放在心上。」

面色一直相當凝重的歐利突然笑了起來，這意想不到的變化，讓在場的精靈不由得感到錯愕，只見歐利重重的往桌上一拍，發出沉重的悶響，站了起來。

「好小子，這才是我想認識的比思克，好，管他什麼誓言，做應該做的事，不拘泥於形式，才是大丈夫所爲。」

這個峰迴路轉的結局，讓肯特又驚又喜。

「有了你的協助，我們一定能順利將石雕送到桑特西斯城。」

比思克喜出望外，不禁偷偷將視線移到愛琳身上，見愛琳正對著自己微笑，害羞的低下頭來。

「先不用太高興，就算我答應幫忙，也不見得這個任務就能順利完成。」

「為什麼？不是只要避開金石峽的暗流就可以了嗎？」

「你們長期生活在月湖村那個偏遠的小地方，有很多情況不是你們能想像的，在許多山區，居住著一些兇惡殘忍的精靈，像是羌族、骨族等，他們生長在艱困貧脊的地區，因此以搶奪和掠殺作為部族生存的手段，有時甚至以精靈為食，而且還有奇異的魔法力量，若是遇上他們，那可比金石峽還要危險。」

歐利的這番話，深深憾動所有在場精靈的心，畢竟這種部落的存在，還是第一次聽說，不由得背脊發涼。尤其是賽加，他是個擁有仁慈之心的精靈，怎麼也想不到竟有以搶奪和掠殺為生的部落。

肯特倒抽了口氣，問道：「難道一直都沒有解決的方法？」

「當我還在桑特西斯的時候，大長老會議曾多次派遣聖軍討伐，但是即使再多的軍隊，在他們以一敵百的魔法力量面前，最多也只是以慘勝收場。我實在不願意再看到殺戮，於是建議將山區各族遷移到食物豐沛的地區，協助他們建立新的生活方式，但是並沒有得到其他大長老的採用，我努力的結果，就是離開桑特西斯到聖井村捕魚。」一提

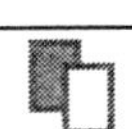

到這段往事，歐利的臉上又出現一陣憂傷。

「那怎麼辦？總不能就這樣放棄吧！」肯特面色凝重。

「他們一般都在山區出沒，比較少出現在河岸地帶，所以也用不著那麼擔心，不過為了安全起見，還是要準備些防禦的用具。這樣吧！你們先回船上去，等我準備好就到船上和你會合。」

「我要留下來幫歐利，可不可以？」

肯特看比思克一副鬼靈精的樣子，哪會不知道比思克心裡打什麼算盤。

「隨你高興。賽加，你要不要順便留下來幫忙？」

「我才不想留下來惹比思克討厭，我還是回船上去好了。」

肯特笑了笑，帶著賽加回到船上。

「需要我幫忙嗎？」

「不用了，你待會和愛琳一起去拿些聖井的泉水就可以了，其他的我自己來就行了。」

比思克笑著點了點頭，陪同愛琳到聖井去汲取泉水。

兩個精靈沉默的並肩走著，比思克很想先找個話題，突破目前這個尷尬的場面，無奈平時犀利的口才，在愛琳的面前，卻變得一無是處，反倒是愛琳首先打破沉默。

「爲什麼你經常被老師趕出教室？」真是哪壺不開提哪壺，一提就是比思克最糗的那一壺。

『第一次聽到愛琳開口說話，原來她不止唱歌好聽，連說話的聲音都這般悅耳。』

比思克搔搔頭，不好意思地說道：「那不能算是我的錯，實在是那些食古不化的老師，明明不知道事實的真象，還經不起我的指正，所以我才會老是被趕出教室。」

「說些例子來聽聽吧！」愛琳笑了笑，甜美的笑容更讓比思克心頭小鹿亂撞。

「好吧！就拿天上的星子來說吧！老師上課時說是精靈死後的靈氣所凝聚而成的，沒錯吧！」愛琳點了點頭，比思克才繼續說道：「其實不是這樣的，當原子核進行融合時，會釋放出大量的光和熱能，不論是星子或太陽都一樣，在那些星體上面不斷進行著核融合反應，所以我們可以看到光，感受到太陽帶來的溫暖，而星子距離我們較遠，所以看起來比太陽小得多，不過很多星子應該比太陽更大才是。」

愛琳聽不懂比思克在說些什麼，反問：「你用什麼來證明你說的才是對的，至少老師所說的都是許多精靈智慧結晶所留下來的成果，而你呢？只是口說無憑，我就不相信你說的是事實，我寧可相信老師說的話。」

聽到愛琳的話，比思克喪氣的垂下頭來。『愛琳的話也沒有錯，我只會說老師的話是錯的，但是我又不能證明我的話才是對的，難怪會被趕出教室。』

「不過你說的很有趣，我很喜歡聽，能不能多說一些讓我聽聽。」

愛琳突然補充了這一句話，又讓比思克的精神爲之一振，滔滔不絕地說個沒完。

一路上，比思克不斷的和愛琳提及一些自然的現象及科學的觀念，愛琳也興緻昂然的聽著。取回泉水之後，見歐利正準備了些弓箭和長矛之類的工具。

「又不是要狩獵，拿這些工具做什麼？」

「有備無患，你沒看過那些精靈的可怕，才會說這種話。對了，泉水拿回來了嗎？」

比思克將泉水交給歐利。

「要這些泉水做什麼用？需要水的話，湖水就多的用不完了，何必要拿這一瓶泉水。」

「這泉水對傷病有很好的治療效果，你難道不知道嗎？帶著可以預防萬一。」

比思克平時就少和其他精靈往來，又沒受過什麼傷，怎麼可能會聽過。

備齊物品之後，歐利才帶著比思克和愛琳前往碼頭與肯特會合。

＊＊＊＊＊

人類世界的歷史中，曾發生過數次的瘟疫大流行，每每均造成難以估計的傷亡，最著名的莫過於鼠疫，鼠疫又稱黑死病，曾三度禍及人類，第一次是發生在第六世紀的拜占庭帝國，也就是現今的埃及和土耳其附近，死亡人數約一億人，第二次則流行於十四到五世紀之間的歐洲，有四分之一的人口，約二億五千萬人喪生於此瘟疫，第三次是十八世紀的中國雲南地區，隨後傳到香港、廣東及印度等地區，約一億二千五百萬人受害。

在科學尚未昌明的時代，人們崇信鬼神之說，對於不明原因的疫病，認爲是上天降予人類的災難，以符水神咒來抵禦疫病的漫延。直至科學日漸萌芽，人們發現這些瘟疫竟只是一種極微小，甚至小到肉眼看不見的微生物所引起，爲了防止瘟疫再度發生，人們致力於各種微生物的研究，抗生素和疫苗等對抗微生物的利器，在科學家的努力下，相繼問世，讓這些曾令人聞風喪膽的瘟疫，無法再對人類造成重大的危害。

難得一見的，這些早已成名，曾經叱吒風雲的魔頭，竟也和許多後起之秀們齊聚一堂。

「歡迎各位的賞光，百忙之中還抽空來到這裡。」一個聲音憑空出現。

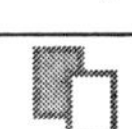

「你到底是誰，把我們找到這裡來，究竟是爲了什麼？」坐在首位，早已聞名於微生物世界的鼠疫桿菌首先發難。

「你的架子還真大，要我們一大群微生物的菁英份子等你一個。」天花病毒蹺著二郎腿，一副高姿態，囂張不已。

「若你再不現身，我們也沒什麼好談的。」炭疽桿菌一臉的不耐煩。

「各位，先不用急，姑且聽聽他說什麼？」一直沉默不語的肉毒桿菌也打破沉默。

「前輩就是前輩，連說話都特別火爆，不過你們的都已經過時那麼久了，怎麼脾氣還是那麼大呢？」愛滋病毒冷冷地笑著。

這個後生晚輩，生性陰沉，變化多端，令人難以捉摸，連說起話來特別酸，讓那些前輩們如芒刺在背。

天花病毒拍桌大怒，氣沖沖指著愛滋病毒。

「你是什麼輩份，竟敢這麼說話。」

「各位，請稍安勿躁，我是來自魔法世界的亞米契斯，目前的我是以靈體的狀態到來這裡，所以沒有辦法現身和各位見面，還請各位見諒。」

在魔法世界消失許久的亞米契斯竟出現在人類的世界中，難怪聖獸們在魔法世界裡，再也感受不到亞米契斯的存在。

鼠疫桿菌對亞米契斯口中的魔法世界感到相當好奇。

「魔法世界是一個什麼樣的世界?和人類的世界有什麼不一樣?」

「住在魔法世界的精靈生活單純，沒有什麼科學概念，最重要的是那裡沒有會致病的微生物，所以精靈們對你們幾乎完全沒有抵抗力，是一個比人類世界更可以讓你們盡情發揮的舞台，我今天來是因爲我需要一些助手，來幫助我完成毀滅魔法世界的大業。」

天花病毒對亞米契斯的話非常感興趣，畢竟現在的人類世界已經沒有天花病毒生存的空間。

「我們要怎麼到魔法世界?」

「我可以經由結界缺口，帶你們到魔法世界，但是以我目前的能力，只能帶你們其中幾位前往，所以我希望能多了解你們，從各位之中選出容易隱藏、致命性高、容易傳播的微生物，讓你們到魔法世界大顯身手。」

愛滋病毒還是一貫陰沉的冷笑。

「天花病毒，你也不用高興得太早，病毒有很強的宿主特異性，能感染人類，又不一定能感染精靈，你這麼一頭熱，恐怕到頭來一場空。況且這個亞米契斯來路不明，什麼時候被他賣了，都還不曉得。」

天花病毒正想要對這個傲慢的晚輩發飆，亞米契斯的聲音再度響起。

「放心好了，精靈和人類有很深的淵源，凡是能感染人類，就一定能感染精靈。」

天花病毒得意的對愛滋病毒說道：「愛滋病毒，到時你就會知道我的厲害。」

「若各位沒有問題，就請各位先自我介紹，我再依據你們的敘述，挑選最適合到魔法世界的人選。」

鼠疫桿菌對魔法世界興趣濃厚，更想在魔法世界中找回昔日的風光，首先開口。

「我是鼠疫桿菌，關於我的事蹟，相信大家都耳熟能詳，不用我再多費唇舌。我主要的族群有兩個，肺鼠疫及腺鼠疫，腺鼠疫的傳染要借助老鼠和跳蚤，我感染了老鼠之後，會生存在老鼠的血液裡，跳蚤在吸老鼠的血時，我就會隨血液進到跳蚤的身體裡，當跳蚤叮咬人類時，我就可以順勢進入人類的身體，潛伏大約二天至十天，就會讓人類開始發病。至於肺鼠疫就更方便，可以經過空氣傳染，只要有人感染，感染的人再去和其他人說話時，我就可以經由口沫傳染給另一個人，潛伏個二、三天就會讓人類發病。」

「聽起來還算不錯，那麼你發病時，會有什麼症狀？」

「這要分成腺鼠疫和肺鼠疫來說，先說腺鼠疫好了。剛發病時，會有高燒、身體不適、淋巴結觸痛，然後會自發生的演變成敗血症，擴散至中樞神經系統，這時被我感染的人就差不多該駕鶴西歸了。」

「嗯，敗血症是什麼？」亞米契斯發出沈吟的聲音。

鼠疫桿菌暗自竊笑，『連什麼是敗血症都不知道。』

一種莫名的成就感，在鼠疫桿菌的心中漫延，聲音也不自覺得提高。

「一般細菌侵入進入血液，叫作菌血症。毒素進入血液液裡，叫毒血症。若是細菌進到血液裡，還在血液裡面釋放毒素，就是敗血症。」

「喔！呵呵，原來如此。」亞米契斯的聲音聽來有些怪異，但在場的細菌和病毒沒有一個聽出到底怪在哪裡。

鼠疫桿菌解釋完敗血症之後，繼續說：「若是肺鼠疫，則會有高燒、冷顫、頭痛、咳血和毒血症，而且快速進展成消化不良、喘鳴、皮膚有青紫的壞死斑塊、呼吸衰竭、循環系統喪失功能以及出血，到了這個地步，除非奇蹟出現，否則華陀再世也束手無策。」

鼠疫桿菌說完後，天花病毒怕落於人後，緊接著說：「我就是大名鼎鼎的天花病毒，我可以在人類身上造成一種皮膚及黏膜的急性傳染病，而且還在全球各地造成大流行，我不需要任何媒介，可以隨風散布，被我感染以後，我會在人類身上潛伏個七至十六天才讓人類發病，而且有五至四十的死亡率。」

彷彿是宿敵一般，愛滋病毒總是喜歡數落天花病毒。

「想不到風光一時，卻敗在一個擠牛奶的少女身上。結果一九五五年時在台灣消失，一九七一年時，在南美洲最大疫區巴西消聲匿跡，一九七二年時，在印尼被連根拔除，一九七五年的五月及九月分別在巴基斯坦及印度被消滅，一九七七年的十月二十六日，最後的消息出現在索馬利亞，此後，就一蹶不振。」

愛滋病毒說得朗朗上口，讓人不得不由衷佩服。

天花病毒的糗事被愛滋病毒掀了底，不由得臉上一陣白一陣青，恨得咬牙切齒，但事實勝於雄辯，沒辦法反駁，只得把悶氣往肚子裡吞。

炭疽桿菌對擠牛奶的少女頗有興趣。

樣。

「擠牛奶的少女是怎麼回事？」

天花病毒不悅的瞪了炭疽桿菌一眼，炭疽桿菌聳聳肩，一副幸災樂禍，無所謂的模樣。

「我也想知道，說來聽聽看。」肉毒桿菌也湊上一腳。

愛滋病毒見大家興緻盎然，不理會天花病毒無言的抗議，決定迎合大家的好奇心。

「當時，天花病毒確實名震天下，橫行無阻，所向披靡，沒想到人類竟意外發現擠牛奶的少女不會被天花病毒感染，經過研究發現，牛痘和天花是種很相近的病毒，而且牛痘在人類身上只會引起很輕微的症狀，只要被牛痘感染過，就不會再被天花感染，牛痘疫苗就是這麼來的，也讓我們這個大名鼎鼎的天花病毒從此抬不起頭來。」

天花病毒並沒有加以反駁，只是一直鐵青著臉瞪著愛滋病毒。

「被我感染後的前五天，會有發燒及惡寒的情形，接下來的一至四天裡皮膚及黏膜會出現紅斑、丘疹，發疹多半集中在臉部，身體較少發生，這時候發燒在二十四小時內就會減退。再來會發水疱再轉變爲膿疱，最後結痂，這樣的過程大約是二至四個星期。嚴重的話，可能會有出血性發疹。」

亞米契斯偷偷地笑了一下，想是因爲愛滋病毒專門針對天花病毒落井下石，沒注意到天花病毒剛剛說了什麼。

「接下去換誰了？」

「我是炭疽桿菌，最怕的就是氧氣，所以在有氧氣的情況下，我是以孢子的形態生存在土壤裡，我的傳染方式通常是草食性動物把我吃到肚子裡，人類又接觸到被我感染的動物或動物製品而感染，例如一些動物皮革。尤其是秋冬季節，一方面是草比較短，動物吃草時容易接觸到土壤，另一方面是草比較枯，容易割傷動物的胃腸，形成容易感染的狀態，我在人類體內潛伏數小時至七天就會發病。我在孢子狀態時不會散布到空氣中，不過人類有些奇怪，喜歡把我做成粉末來當做武器，讓我可以在空氣中被人類吸到體內。人類對我最早的記載是西元一千五百年前的舊約及出埃及記，而且從第一次世界大戰開始，我就被使用在生物戰劑上，蘇聯的微生物工廠發生孢子散佈意外，更使我聲名大噪，那次意外中有七十九人感染，而且六十八人死亡。最近美國九一一的攻擊事件，又讓我重新找到自己的舞台，所以我在人類的世界還是佔有一席之地的。」

「我引起的感染可分爲三種型式，皮膚型、吸入型、胃腸型。皮膚型又叫作惡性膿泡，只要人類的皮膚有傷口，我就能夠侵入人體內，剛開始只是丘疹，後來會變成水泡、膿泡，最後形成像煤炭一樣的焦黑結痂，所以我才會被人類叫作炭疽桿菌。吸入型又叫毛工病，是人類吸入含有炭疽孢子的空氣造成的，一開始會有點像病毒引起的疾病，肌肉疼痛、疲勞、發燒，進而會發生缺氧、呼吸困難，最後引起致命的敗血症。胃腸型是最嚴重的一型，通常發生在吃到被污染或沒煮熟的肉，病人有腹部疼痛，吐血或腹瀉，口咽潰瘍，發燒和敗血症等。」

「不錯，挺有意思的。」

亞米契斯最大的興趣是目中無人的愛滋病毒，到底他有什麼本事，竟可以不把這些前輩們放在眼裡。

「愛滋病毒你呢？」

愛滋病毒站了起來，顯然對魔法世界不感興趣。

「精靈的生活單純，我去了也沒用，而且我在人類的世界還是可以呼風喚雨，何必到那個人生地不熟的魔法世界。我主要經由血液傳染，只要人類一天不停止雜亂的私生活，不建立正確的性知識，濫用血液醫療資源，我就會永遠存在，我對魔法世界一點興趣也沒有，若沒有其他事，我要先離席了。」

愛滋病毒大搖大擺的離開，一個後生晚輩如此狂妄囂張，只氣得前輩們牙癢癢的。

愛滋病毒能這麼目中無人，自有他的道理，愛滋病毒這個世紀黑死病的頭銜，也不是徒有其名，虛有其表。即使科學發達，科學界與醫界仍對愛滋病毒束手無策，沒有藥物可以治癒，也沒有疫苗可以預防。

第4章　賽加奇遇・孤島精靈

時近黃昏，經過十多天的航行，船來到前往桑特西斯城的分水道附近，歐利、肯特、賽加、比思克、愛琳紛紛走上甲板，享受片刻餘暉的靜謐。

水面在落日的妝綴下，紅光點點，波光粼濟，像極了一面鑲滿著紅色寶石的明鏡，映著船身的倒影，讓眾精靈大感心胸舒暢。

楊柳低垂蓮池畔，如星伴月。風欲語，流星墜，恰似一縷螢光隨風吹。君不見，天上人間多少相思淚，欲語還止，任憑翻飛。秋蟬、黃雀，楓紅片片，寄情訴星願。

愛琳被眼前的景色感動，輕輕地唱起歌來，聲音如黃鶯出谷，珠落玉盤，更爲此時的寧靜，增添一份歡樂的喜悅。

比思克凝視著愛琳，不知不覺也感染了愛琳的快樂，隨著愛琳的歌聲，輕輕地哼著。

遠方湖面，突然冒出一座有噴泉的黑色小島，愛琳指著小島。

「那是什麼？跟著父親捕魚時，偶爾可以見到這個移動島出現，但卻一直不知道那到底是什麼。」

這個天外飛來的題目，問得精靈們面面相覷，正在精靈們大感慚愧之際，比思克開口。

「那不是島，是一種叫作鯨的生物。」

「這麼說來，那個移動島是魚囉！」

「牠和魚不同，魚是用鰓呼吸，鯨和我們一樣，用肺呼吸。」

「那牠爲什麼要生活在水裡，不像我們一樣生活在陸地上？」

「因爲空氣支持不住牠那笨重的身體，鯨的肋骨和胸骨都很脆弱，胸腔壁也很柔軟，而且腹腔又沒有骨骼支持。生活在水中時，水的浮力可以支撐鯨的身體，不會讓牠有任何不舒服的感覺，一旦到了陸地，牠全身的骨骼會承受不住身體的重量，心、肺和其他內臟都會受到極大的壓迫，呼吸和血液循環都會出現問題，所以鯨雖然和我們一樣用肺呼吸，卻沒辦法生活在陸地。」

「牠爲什麼會噴水呢？」

「其實鯨背上的噴水孔，就是牠的鼻孔。鯨用肺呼吸，所以每隔一段時間，牠就必須要浮出水面呼吸，換氣時，肺裡面大量的空氣會形成強力的氣流，把水帶到空中，形成了水中噴泉，是不是很美？」

言談間，鯨的背上突然噴出一道水柱，愛琳開心地拍著手。

「比思克，你看牠又在噴水了呢！」

比思克看著愛琳一臉天真燦爛的笑容，忍不住伸手握著愛琳的手，愛琳飛紅著臉低下頭，沉默不語，卻將比思克的手握得更緊。

肯特識趣的拉著歐利和賽加，走到甲板的另一端。

「還有多久才能到桑特西斯城？」

歐利指著前方不遠的分水道。

「前面就是前往桑特西斯的分水道，轉進這個分水道之後，大約再三天會到達金石峽，過了金石峽再航行十來天就可以到雷洛斯城，這個城是距桑特西斯最近的一個城鎮，我們在那裡轉走陸路，一天就可以到達桑特西斯城。」

「水路無法直接到桑特西斯嗎？陸路的話，恐怕在運送上會有問題。」肯特面有難色。

「這麼大的船，只能到達雷洛斯城，至於陸運的事，你倒是不用擔心，那裡相當的進步，各式的運輸工具都有，而且從雷洛斯到桑特西斯的途中，都是平坦的草原，所以不用煩惱。」歐利胸有成竹地拍拍肯特的肩頭。

肯特稍事寬心，遙望遠方的落日，只希望能順利把這個任務完成。

「愛琳，妳知道某些動物有冬眠的習性吧！」

「我知道，那些動物會因爲冬天的食物變少，天氣變冷，所以躲起來睡覺，減少進食，以便渡過冬天。我說的沒錯吧！」

在比思克的面前，愛琳哪敢說大話，解釋的時候，還不斷看著比思克的反應，怕說錯話又被比思克取笑。

比思克開心地點點頭。「嗯！妳真是聰明，不過妳有聽過夏眠嗎？」

這個難題可考倒了愛琳，見愛琳兩眼轉啊轉的想不出所以然，比思克接著說：「其實這個道理和冬眠一樣，夏天時，水中的一些蜉游生物都會聚集到水面，在深海裡的魚類，可以吃的食物減少了，就會進入夏眠。等到冬天，那些蜉游生物大量死亡，沉到水底，那時有了豐富的食物，那些魚類才會恢復活動。」

這十多天的航程，最開心的莫過於比思克，每天與心儀的對象朝夕相處，出雙入對，感情日漸升溫。

歐利一向欣賞直言不諱，特立獨行的精靈，對比思克的印象極佳，再加上肯特也不時為比思克美言，所以歐利對比思克和愛琳的交往也樂見其成。

大家各忙其事，賽加只落得形單影隻，但賽加也不致於太過無聊，那些雕像就是賽加最好的消遣，十多天來，賽加和雕像朝夕相對，發現這些雕像雖然全部一模一樣，但每個卻隱隱散發著完全不同的感覺，這種感覺對賽加而言，有點親切，也有點熟悉，甚至和雕像們有種莫名的共鳴感。

三天之後，寬闊的分水道漸漸緊縮，水流明顯變急，在岸邊拍起片片水花，兩岸重山群疊，亂石盤據，眾精靈知道已經到達金石峽，賽加站在船頭甲板，看著水面有何異狀，但並看不出任何端倪。

歐利走到賽加身旁。

「金石峽最奇異之處就是水面平靜如鏡，水底卻波濤洶湧，暗流四伏，若不識水道，很容易被水底的暗流吸引，最後導致船隻沉沒。」

「既然表面看不出來，那怎麼知道那裡有暗流？」賽加抬起頭看著歐利。

「真正的玄機不在水底，而是天空，你看天空的流雲。」歐利指著天空。

此時肯特也走到歐利身旁，仰望天空。「天空有何玄機？」

「雲的走向正是水底暗流的流動方向，你們看水面那些雲的倒影，就可以知道那裡有暗流漩渦。」

「真的這麼神奇！」

爲了驗證雲和暗流的關係，歐利隨手拿起一個空的木箱。

「你們看，那塊流雲捲動的倒影就是水底漩渦，要仔細看。」

歐利將木箱丟到倒影附近，木箱在水面上載浮載沉，直到接觸到流雲倒影，即隨著流雲倒影的旋轉方向，被捲入水底，消失無蹤。

肯特和賽加看得瞠目結舌，肯特倒抽口氣。「幸好有你同行，否則後果不堪設想。」

「不知道水底下到底是什麼情形，真想下去看看。」賽加對這個奇異的現象，好奇萬分，喃喃說道。

「別胡說，下去看還有命嗎？」

「無妨，小孩子的天真想法，無傷大雅。現在只要沿著沒有流雲倒影的水道前進就行了。」

了解了金石峽的暗流走向，肯特走回控制艙指揮船行的方向。

「那是什麼？」賽加依舊站在船頭，突然看到岸邊幾個晃動的身影。

歐利望向岸邊，只見五個膚色暗紅的精靈，不由得神色慌張，音量也跟著提高不少。

「賽加，快躲到內艙，是骨族精靈。」

賽加不以爲意地笑了笑。

「這裡和岸邊至少有百步的距離，他們又過不來，你又何必這麼緊張。」

「大禍將至，你還這麼悠閒自在。」歐利拉著賽加就往內艙跑。

話未說完，骨族精靈已經跳離岸邊，猶如長了翅膀一般，直飛船上，看得賽加目瞪口呆。

「爸！骨族精靈來了。」

賽加的叫聲驚動了船上所有的精靈，紛紛拿著歐利準備的武器來到甲板，比思克和愛琳聞訊也趕到甲板。

歐利接過弓箭，來到船旁，一搭弓，冷箭直射向最接近的骨族精靈。

骨族精靈雖然身在空中，仍靈活的躲開來箭，身形直落在歐利身旁，一站定手中的骨斧立即直劈歐利。

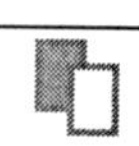

歐利一時反應不及，眼見就要命喪斧下，愛琳更嚇得大叫。

賽加見狀，也顧不得自身的安全，奮力向前直衝，猛然抱住骨族精靈，骨族精靈被賽加一抱，頓時失去重心，向後退了幾步，和賽加雙雙墜入河中。

肯特眼見賽加落水，心急如焚，但其他的骨族精靈也一一跳到船上，實在無暇分身尋找，雙方在甲板上展開一場驚心動魄的混戰。

比思克個頭又小，更連一點魔法都不會，無力與骨族精靈戰鬥，只得帶著愛琳東躲西藏，在骨族精靈的追趕下，比思克和愛琳在船艙內奔跑穿梭，最後來到第一內艙裡，看著裡面的雕像，比思克心中有說不出的恐懼，但爲了逃避骨族精靈，也顧不得這許多了。

「現在前有骨族精靈，後無退路，但是無論如何，我一定會保護妳的安全，妳躲到雕像後面，不管發生什麼事，都不可以出來，我出去跟他拚了。」比思克見已無退路，心下一橫，對愛琳說道。

「不要去，你不要留我一個在這裡，我會害怕。」愛琳心中慌張，拉著比思克的手，哭著阻止。

比思克心有不忍，在愛琳的額上一吻。

「放心好了，我福大命大，不會有事的，妳一定要等我。」

「不要，你這樣出去九死一生，我不要你出去送死。」愛琳低頭哭著。

比思克笑了笑，抱著愛琳，輕撫愛琳的頭髮說。

「不要哭，我怎麼捨得留下妳呢？我一定會平安無事的，放心好了。」

愛琳搖搖頭，緊緊抱著比思克，堅決不讓比思克出去，然而剛才的緊張疲累，讓愛琳再也承受不了而昏厥。

比思克輕輕將愛琳放到地上，猶如壯士斷腕般的豪情，毅然闊步走到雕像前，等待著骨族精靈，心裡雖然害怕，但是爲了保護愛琳，仍義無反顧地挺身而出。

骨族精靈追到了第一內艙，兩眼與比思克身後雕像的眼神相接，彷彿身受雷殛一般，一時六神無主，動彈不得。

比思克看到骨族精靈，一股莫名的勇氣驅使，奮不顧身地衝向骨族精靈。在比思克的猛力衝擊下，骨族精靈彈出第一內艙，比思克也在強力的撞擊中昏厥。

被撞離第一內艙的骨族精靈，搖搖晃晃地從地上爬了起來，眼見其中兩個雕像——

亞斯和瑪莎已變成雪白的聖獸，正緩步向自己走來。

「同是精靈，何苦要自相殘殺呢？」瑪莎開口說道。

骨族精靈何曾見過這般景象，嚇得屁滾尿流，慌張地向艙外逃去，口中還不斷發出怪叫聲，聲音嘹亮刺耳，甲板上的其他骨族精靈聽到這個聲也不由得慌亂起來，迅速向岸邊逃去。

瑪莎和亞斯見骨族精靈離去，爲了避免驚嚇其他精靈，再度恢復了石化狀態。

歐利和肯特看到骨族精靈倉皇逃去，雖然不知道發生了什麼事，但總算鬆了口氣。

肯特第一時間趕到船旁，在水面上搜尋賽加的蹤跡，卻始終一無所獲。

平靜的水面，一如往昔，彷若什麼都不曾發生過。

轉醒後的愛琳，看到躺在地上的比思克，以爲比思克已經犧牲，不由得伏在比思克的身上，嚎啕大哭起來。

直到比思克幽然轉醒，愛琳才破涕爲笑。

「你嚇壞我了，以後不許這般衝動，我不要你再離開我，好嗎？」

愛琳和比思克大難不死相擁而泣，愛琳更被比思克的犧牲精神深深感動。

失去愛子的肯特呆呆的坐在甲板上，就像是沒有靈魂的枯木，完全失去了生氣。

歐利拿出聖井泉水，為所有受傷的精靈們治療，看著肯特的情形，歐利雖然心下難過，但也無能為力，束手無策。

＊＊＊＊＊

一般會危害人體微生物可以為幾類，由小至大分別為病毒、立克次體、細菌、原蟲和寄生蟲。病毒是一種奇怪的生物，牠的特性介於生物與非生物之間的灰色地帶，這麼說好了，當病毒進入生物體內，本身的遺傳因子會喧賓奪主的利用生物細胞的蛋白質，把生物細胞當作工廠來製造後代子孫，然而病毒一旦離開生物體後，就會形成結晶，像是礦物一樣，一點生命跡像都沒有，這種現象就是所謂的絕對寄生。

病毒在感染細胞之後，會將細胞據為己有，不再讓其他病毒進入。為了爭搶地盤，病毒之間或多或少，都會產生嫌隙，愛滋和天花的恩怨，恐怕就是由此產生的。

愛滋病毒離開之後，天花病毒總算鬆了口氣，少了眼中釘，心情自然舒暢不少。

「我是肉毒桿菌，和炭疽一樣討厭氧氣，所以在環境中同樣以孢子的形態存在。我的孢子可以存在泥土、農產品、海底、動物的腸道中，等待適當的時機，發芽成菌，產生毒素。嬰幼兒的腸道菌叢還沒有發展完全，所以若吃下我的孢子，我就能在嬰幼兒的腸道增殖產毒，但是對成年人，只有直接吃下我的毒素或深部的傷口感染才能對他們產生危害。我的毒素可分成很多型，對人類毒性最強也最常見的是A型，我的毒素是目前人類世界最毒的物質，只要一克的毒素結晶，就可以毒死一百萬人。」

「直接吃下毒素會讓人產生神經系統的病徵，最初是視覺障礙、吞嚥困難、講話發音變得不清不楚以及口乾，然後會發展成弛緩性麻痺，像是對稱性眼睛病變、眼瞼下垂、瞳孔固定且擴大等，有時也會有嘔吐、便秘或下痢，嚴重時會窒息而死。至於嬰幼兒，則會先有便秘，然後發生昏睡、倦怠、食慾不振、眼瞼下垂、吞嚥困難、失去頭部控制、沒有力氣吸奶、肌肉張力降低，漸進性虛弱，最後發展至呼吸衰竭。」

「我也是人類常用來當作生物戰劑的對象之一，人類將我的毒素製成噴霧狀，所以若是發生以下幾種狀況，可能就是人類使用我當生物戰劑所造成的。第一，大量病患出現急性肌肉麻痺及明顯的延髓麻痺。第二，除了A、B型外的不尋常毒素型中毒。第三，中毒發生在同一地點，但沒有吃共同的食品。第四，同時發生多件案子，但沒有共同來源。」

肉毒桿菌洋洋灑灑的說了一大篇，亞米契斯卻好似睡著了一般，久久沒有出聲，直到肉毒桿菌說完，發覺現場一片沉寂，開口叫喚，才把亞米契斯的聲音再度喚醒。

「下一個該誰了？」

亞米契斯的態度讓肉毒桿菌相常不滿，被忽視的感覺急湧心頭。

「你是對我不滿意嗎？若是如此，我就離開好了。」

「不是的，我剛才只是在想，該怎麼做才能把你的才能發揮得淋漓盡致，我怎麼會不重視世界上毒性最強的肉毒桿菌毒素？」

肉毒桿菌聽完亞米契斯的解釋，心情稍有釋懷，沒有起身離去，但不滿的表情，仍高掛在臉上。

『裝瘋賣傻！』肉毒桿菌悶哼一聲。

漢他病毒清清喉嚨，為肉毒桿菌和亞米契斯打圓場。

「聽聽我的吧！我是漢他病毒，也是近百年來才崛起的新秀。」

「我的主要宿主是老鼠一族的囓齒類動物，人類只是偶然間被感染，想不到我也可以在他們身上造成疾病。傳播的方法以直接接觸被我感染的老鼠分泌物或吸入感染老鼠

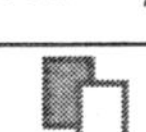

的飛沫為主，當然，吃到污染的食物、直接被老鼠咬到也可能感染，母親感染也能傳給胎兒。」

「我族所引起的疾病比較重要的可分成兩種，一種是漢他病毒出血熱，由漢灘病毒和漢城病毒引起，全世界每年大約有十五萬至二十萬人罹患此症。另一種是漢他病毒肺病症，由木爾托峽谷病毒引起，在美洲已經有超過二百五十萬人受感染。可見我族的流行性還是無庸置疑的。」

「漢他病毒出血熱的病程大致可以分為五期，發燒期、低血壓期、寡尿期、多尿期和恢復期。發燒會突然發作，持續個四至六天，伴著嚴重的頭痛、全身衰弱、肌肉疼痛、眼眶疼痛及背痛等，而且有顏面潮紅、結膜充血、顏面充血及突眼症這些重要的身體特徵，第三天開始就會有出血的趨勢，主要表現在軟顎、腋下、胸部及顏面的瘀血點。發燒結束前二天，會開始讓人有口渴、背痛、不安、混亂、幻覺及昏迷等現象，全身血壓變得低而窄，這時可能會有休克的情形，這段期間，上面的身體特徵會更加嚴重，但是下肢不會水腫。」

一下子說得太多，讓漢他病毒有點換氣不良，急忙先舒緩二口氣，才繼續說：「在寡尿期，多半的人上廁所次數會變少，伴有噁心、嘔吐、腹部脹大、偶爾有麻痺性腸阻塞，少數會出現急性尿毒症的情形，像是意識不清、幻覺、急性精神病，有時會有痙攣及無意識動作。進入利尿期表示病人即將康復，所以我也沒必要再說。」

「漢他病毒肺病症的病程主要分成三期，前驅期、心肺期和復原期。前驅期的現象和出血熱類似，而且病理學檢查、實驗室檢查和胸部X光都正常，很難診斷與鑑別。心肺期時，以咳嗽及呼吸困難爲主要特徵，嚴重時會發生代謝性酸血症及乳酸血症，呼吸道的狀況惡化的很快，可能在幾小時內由輕微的呼吸困難變成成人呼吸窘迫症候群，而需要以插管及呼吸器維持生命，大約有百分之七十六的病人會因低血壓及心律不整而死，這是我最感到驕傲的。」

酵母菌不落人後，馬上接著說：「我是酵母菌，人類對我的依賴比炭疽和肉毒桿菌更多，可見我在人類世界的地位也是屹立不搖。」

「這麼厲害，說來聽聽。」

「我可以讓麵粉發酵，做出蓬鬆可口的麵包，讓水果發酵，做出香醇濃郁的美酒。」

話還沒說完，就引來亞米契斯哈哈大笑。

「你還有臉說，你這個人類的走狗，不配和我們坐在一起，馬上滾。」天花病毒受盡人類的屈辱，不禁開口咒罵。

「不同的微生物各有其生存方式，你感染人類，要他們的命，是你的生存方式，我讓食物發酵，是我的生存方式，怎麼能說我是人類的走狗，你才是人類的毒瘤。」酵母菌對天花病毒的話頗不以爲然，反口辯駁。

酵母菌不開口還好，一說話馬上又引來其他病原體爭相撻伐，酵母菌只得滿腹委曲地摸摸鼻子，無趣地離開。

酵母菌離開之後，乳酸菌及一些腸道的益菌族群也害怕受到譴責，一聲不響地默默離去。

經過這個意外的插曲，肉毒桿菌已對適才的不悅完全釋懷，亞米契斯的笑聲仍不絕於耳。

亞米契斯的笑聲稍息，登革病毒才開口。

「你怎麼會找來那些微生物的敗類，有些原蟲和寄生蟲應該也是不錯的對象，但你卻一個也沒有邀請。」

「不是我不想邀請原蟲和寄生蟲，他們的體積太過龐大，我沒有能力帶他們到魔法世界，只好作罷。」

登革病毒聽完亞米契斯的說詞，沒有表示任何意見，便直接介紹自己。

「看來我已經是最後一位，也好，好酒沉甕底。」

「自吹自擂，也不怕臉紅。」天花病毒不屑地輕聲說。

幸好登革病毒沒聽到，否則難免又是一場口水戰。

「我是登革病毒，雖然早在二百年前就曾經有我的記錄，不過真正開始流行，是在第二次世界大戰之後。」

「這關第二次世界大戰什麼事？」漢他病毒不解地問。

「因爲第二次世界大戰期間，東南亞及太平洋小島的主要城市，幾乎所有的供水系統都被破壞，所以人們開始有儲水的習慣，這個習慣最大的受益者，就是我的宿主，埃及斑蚊及白線斑蚊，他們可以在人們的儲水糟裡大量孳生，也讓我有機會到處傳播。」

「我以蚊子作爲傳染媒介，所以我的流行區多分佈在熱帶及亞熱帶地區，而且根據計，全球每年至少有一億人次被我感染，這就比天花病毒了不起！」原來登革病毒聽到

了天花病毒的話，現在找到機會，反過來消遣他一下，以洩心頭的悶氣。

天花病毒也不知招誰惹誰，今天一直碰釘子，先是愛滋病毒，好不容易挨到愛滋病毒走了，總算可以坐得安穩，現在又來一個登革病毒。

「被我感染後，會有四種結果。第一，不顯性感染，就是感染了也沒症狀。第二，難以辨別的病毒發燒症狀。第三，登革熱，包括沒有出血與不尋常出血症狀。第四，登革出血熱，包括沒有休克及死亡率較高的登革休克症候群。」

「前二種我就不再說，登革熱也有人叫斷骨熱，主要是發燒、寒慄、頭痛、腹痛、腰痛、全身肌肉痛和關節痛，有時會發生波狀熱。」

「什麼是波狀熱？」亞米契斯問。

「波狀熱就是發燒一陣子自動退燒，然後再發燒。」登革病毒見沒有其他意見後，說：「而且病人的身體會出現斑粒狀或猩紅狀皮疹，這是微血管末稍出血而產生的現象，和一般的麻疹不同。有些患者會有鼻出血、牙齦出血、皮下出血的情形，最重要的是，偶爾我會僞裝成消化道或呼吸道症狀，讓人們做出錯誤的診斷，除非人類抽血做實驗室診斷，否則就會被我誤導。」

「登革出血熱的致死率就高得多，也是我最得意的一型。主要病理變化在於血管的通透性急遽增加，並且變得脆弱，血液裡的血小板減少，凝血異常。有大約三分之一的病人會發展成登革休克症候群，這時病人會覺得不安、昏睡、急性腹痛、四肢冰冷、皮下出血、尿液稀少，最後導致高燒、缺氧及嘔吐。」

聽完了所有的介紹，亞米契斯沉吟半晌，遲遲不能下決定。

「亞米契斯，你倒是做個決定，不要一直這樣悶不吭聲。」天花病毒一心想到魔法一展長才，不由得開始心急。

「我覺得你們都不錯，那麼我盡量將你們全部一起帶到魔法世界，這需要花點時間，事先聲明，到了魔法世界，你們必需要聽我的指揮，不能恣意妄爲，這是我唯一的條件，若不想參加，可以事先退出，免得屆時後悔。」

沉默了許久的亞米契斯終於開口，而且答案讓這六個候選病菌都皆大歡喜，一一宣佈加入亞米契斯的行列，前進魔法世界。

＊＊＊＊

跌落水裡的賽加，被捲入漩渦中，在強大的壓力之下，感到四肢百骸都快被撕裂一般，腦子已是一片混亂，任誰都無法在這種情形下保持冷靜。

喝了幾口水後，心中的慌張更升到了極點，手腳不斷的舞動掙扎，但是這些動作都只是徒勞而已。

即使是生長在水中的鮫魚都無法從漩渦中全身而退，何況是不諳水性的賽加，很快地賽加就陷入了昏迷。

當賽加再醒來時，已身在岸邊。

賽加掙扎著爬了起來，吐了兩口水後，勉強的緩緩站了起，頭腦依然感到天旋地轉，一陣昏眩，不由自主的坐了下來，閉上眼，休息了片刻之後，才稍稍恢復元氣。

『莫非這裡是湖面的孤島！我怎麼會來到這裡，我只記得我和骨族精靈一起掉到水裡，為什麼會來到這裡？』賽加張開眼睛，遠遠的看到了對岸熟悉的景象，一個謎團在賽加的心裡逐漸升起。

賽加站了起來，在岸邊猶豫了半天，『反正也回不去，就看看這個島上有什麼古怪，為什麼沒有精靈敢靠近這裡。』心意已決，便邁開大步往孤島的深處走去。

沒想到這個島遠遠看起來不甚起眼，甚至有些陰氣森森，令人不寒而慄，然而走在這個島上，卻有一翻說不出的光景。

一路上枝葉扶疏，陽光和煦，遍地開滿奇花異草，芳香撲鼻，彷若世外桃源一般，讓賽加感到份外舒暢。

突然間，賽加在前方的樹下，看到一個奇怪的東西，賽加走到它的旁邊，不斷的打量著眼前的怪東西。『怎麼會有一朵雲在樹下睡覺。』

賽加實在不知道拿什麼來形容眼前這個怪東西，感覺就像是朵雲，一朵趴在地上睡著的雲，又有點像是一團軟綿綿的毛球。

賽加在怪東西旁蹲了下來，好奇的伸手觸摸，手指竟直接穿透那怪東西的身體，就像是沒有實質形體，不存在似的。

怪東西突然發出打鼾的聲音，這突如其來的聲音可嚇著了賽加，賽加跌坐在地上，呆呆的望著這個怪東西。『又沒鼻孔，又沒嘴巴的，怎麼會打呼，真有趣。』

這個怪東西激發了賽加的好奇心，決定非等到牠醒來，看個究竟不可。

賽加坐在它身旁耐心的等候著，『父親和比思克他們不知怎麼了，能不能化險為夷。』

靜下來後，賽加反而想起了船上的家人同伴，想到骨族精靈的兇殘，不免擔心起來。

良久，這個怪東西才幽幽醒來，一張開眼睛，看到身旁的賽加，也嚇了一跳，飛快的繞著樹幹，逃到樹上。

怪東西伸出手，揉了揉眼睛，仔細看了看樹下的賽加，這才鬆了口氣，慢慢沿著樹幹回到地上。

這一連串的事件不過是短短的幾秒鐘，但對賽加來說，卻像是場別開生面的表演。在賽加眼中看到的是『一朵奇怪的雲，突然裂了兩個像眼睛的黑洞，然後逃到樹上，從雲的兩側伸出兩朵像手的雲，在像眼睛的黑洞上擦呀擦的，然後又回到了地上。』

牠的每個動作都是那麼詭異，驚訝的賽加張大嘴巴，支唔地說不出話來。

牠看賽加目瞪口呆的蠢樣子，笑了起來，貼著賽加的身子，扭動著身軀，直像個撒嬌的孩子一般。

賽加被牠莫名的舉動嚇得拔腿就跑，牠則追了上去，阻住賽加的去路，開口說道：「不怕，不怕。」

一朵會說話的怪雲，讓賽加心裡既好奇又恐懼，深吸口氣，用顫抖聲音的問道：「你是什麼東西？」

賽加心裡雖然害怕，但對眼前這個怪東西的好奇心更甚。

「水裡，水裡。」牠跳到賽加的肩上，貼著賽加的臉。

「你究竟在說什麼，我怎麼都聽不懂？」

賽加用手去撥開停在肩上的怪東西，牠卻反而包住自己的手，緊張的賽加不論怎麼甩，就是甩不掉手上的怪東西。

甩了一陣子之後，怪東西突然叫道：「暈了，暈了。」

賽加聽到怪東西的叫聲，停止甩手的動作，牠反而從賽加的手上掉了下來，直跌落地面，動也不動。

賽加有點不好意思，蹲到地上，想把牠抱起來，怪異的現象再度發生，牠又像是不存在似的，看得到卻碰不到。

直到牠再度醒來，賽加對牠已經不再那麼害怕，反而覺得眼前這朵怪雲挺有趣。

「你究竟是什麼東西？」

「豆兒，豆兒。」怪東西好像很興奮似的，彈到賽加頭上。

賽加似乎已經開始能夠了解怪雲所說的話。

「你是說你叫豆兒嗎？」賽加的話讓怪雲開心地跳著。

「豆兒，那能不能麻煩你別待在我的頭上。」

「頭髮，頭髮。舒服，舒服。」

『下次我一個月不要洗頭，臭死你，看你還敢不敢待在我的頭上。』

「你知道爲什麼我會在這裡嗎？」

賽加不問還好，一問之下，突然感到手上一股拉力，豆兒拉著賽加往岸邊走去。

「你要帶我去哪裡？」賽加身不由己地向前走著。

豆兒一直都沒有答腔，只是拉著賽加向前，直到岸邊。

「前面沒路了，你想做什麼？」賽加說完身子已經騰空，來到水面之上。

『不會吧！』包圍在手掌上的豆兒已經脫離，賽加也直線往下掉，噗通一聲，直沉入水底。

正抱怨今天怎麼這麼倒楣時，賽加已經吞了一大口水，不會游泳的賽加不斷在水中掙扎。突然間，賽加發現自己竟可以在水裡呼吸，既然可以呼吸，賽加就不再那麼緊張，反而可以靜下心看看四週的環境。

賽加看到豆兒正圍繞著自己的頭，在水裡，豆兒顯得有點透明，還可以看到一個小小的東西在豆兒的身體裡不斷地游動。

各式各樣色彩斑斕的魚兒在賽加身旁悠閒地游著，陽光透水而入，閃爍不定，在水底形成放射狀光芒。賽加從沒想過，外表平凡無奇的湖面，隱藏在水底的世界是如此的美，炫麗的色彩更勝陸地，讓賽加幾乎忘了自己仍在水底，更忘了溺水時的恐懼。

回到岸上之後，賽加全身溼透，豆兒卻一滴水也沒沾上，賽加不由得嘖嘖稱奇。

「是你把我救到這裡來的，是不是？」明白了事情的始末，賽加不住向豆兒道謝。

豆兒高興地跳到賽加的肩上，撒嬌著依偎在賽加的臉頰。

賽加對於豆兒一直都相當好奇，爲什麼會摸不到，但豆兒跳到肩上時，又有很真實的接觸感，不像是虛幻的東西。

豆兒從賽加肩上跳了下來，在賽加身旁繞了兩圈，然後往樹林裡跑去，又折回來，看看賽加，再向樹林跑去。

「你是要我跟你走嗎？」賽加有點意會豆兒的行爲，跟了上去。

「主人，主人。」豆兒停了下來，轉身望向賽加。

「你是要帶我去見你的主人嗎？」賽加走到豆兒面前，蹲了下來。

豆兒高興的跳到賽加頭上。

賽加沒好氣，但也由得豆兒待在自己頭上，照著豆兒的指示，向前走去。穿過樹林，來到一個石砌的階梯，階梯砌得方正，每格一模一樣大小，上頭還刻著各式各樣的圖案，有動物、植物，還有許多賽加喊不出名字的奇異生物。

賽加沿著階梯亦步亦驅地向上走，心裡開始想起村子裡的傳說，在這個島上住著恐怖的邪惡精靈，想到這裡，賽加不由得停下腳步。

「前面，前面。」賽加突如其來的行爲，讓豆兒大感不解，急切地說著。

「聽說這裡住著一個邪惡的精靈，是不是你的主人？我就這樣去，會不會被他吃掉？」賽加猶豫不決，吞吞吐吐地說。

豆兒似乎不懂賽加的話，硬是要賽加往前走。

賽加嘆了口氣，雞同鴨講的對話，多說也沒什麼意思，猶豫了半天之後，賽加還是決定繼續向前走。

反正又無法離開這個孤島，況且只要待在這個孤島上，就一定會有碰面的一天，只是遲早的問題，既然一定會遇到，那早和晚又有什麼差別。

想到這裡，賽加心裡才稍加釋懷，不再那麼害怕。

賽加繼續向上走，腳下也不再沈重，到達階梯的頂端之後，眼前是一條碎石子鋪成的小路，路的兩旁全是賽加未曾見過的植物，像是在列隊歡迎似的。

小路的盡頭，是間奇特的木屋，與其說是木屋，不如說是一間建在巨大樹幹中的房子，本屋雖然年代久遠，卻沒有絲毫破舊的感覺。

賽加走到門口，停了下來，正打算敲門。

「賽加，進來吧！我等你很久了。」只聽見屋內傳來蒼老的聲音。

豆兒聽到這個聲音，顯得有點興奮，從賽加的頭上跳了下來，自門底下的縫隙擠了進去。

賽加在門口猶豫了很久，只要手這麼一推，就會看見傳說中的邪惡精靈，這種感覺實在是很難形容。一方面爲了可以解開傳說的真相而喜悅，另一方面又擔心若傳說屬實，恐怕是兇多吉少。

懸念之間，可以有很多種選擇，面對或是逃避，往往都只是一線之隔。

門緩緩打開，賽加選擇了面對。即使心中有百般恐懼，賽加明白避不過也躲不了，勇敢面對才是唯一的出路。

走進屋裡，只見一個慈眉善目，臉上滿佈皺紋的精靈，微笑地坐在椅子上，直盯著自己看，豆兒就偎在他的膝上。

「請問你是誰？」賽加的心忐忑不安。

由他的容貌，賽加猜想他是一個很老、很老的精靈，在賽加的記憶中，甚至沒見過這麼蒼老的臉孔。

「我等你等了好久，久到我都忘了到底有多久了，這些日子以來，我一直在等待你的出現，現在總算讓我等到了。」

「爲什麼要等我，該不會是想要吃我吧！」

賽加有些疑惑，自從跌入金石峽後，發生了太多無法理解的事。

「我是萊普托斯，我爲什麼要吃你呢？」

「你不是傳說中那個邪惡的精靈嗎？可是我看你挺慈祥的，一點都感覺不到邪惡的樣子。」賽加的聲音突然轉低：「你會不會突然變成怪物把我吃掉？」

「什麼邪不邪惡，是非善惡、黑白真假，又有誰能看得清？」萊普托斯笑了笑，從容不迫地回答。

賽加對萊普托斯的話並沒有太大的興緻，看了看待在萊普托斯腿上的豆兒，倒是對豆兒挺好奇的。

「這隻豆兒到底是什麼？爲什麼我摸不到牠的身體？」

「豆兒是隻冰狸，你看到的只是牠身體所散發出來的霧氣，經過魔法凝聚後的形態，所以你才會摸不到牠真正的身體。」

「這才是牠本來的面貌。」萊普托斯用手將霧氣撥開。

當霧氣逐漸散去，只見一隻圓圓胖胖的冰狸，趴在萊普托斯的腿上睡覺。全身雪白，體態圓潤，頭彷彿直接連在身體上，白色的耳朵前端有著數條黑色的條紋，由耳尖呈放射狀排列。

「好可愛，能不能送給我？」賽加摸摸豆兒的頭。

豆兒彷彿知道身上的霧氣被除去，醒了過來，伸伸懶腰，從口中吐出霧氣，慢慢將自己包圍起來。

「當然可以，但豆兒很頑皮，你又不會使用魔法，能控制得了牠嗎？」

萊普托斯的笑容親切可掬，和傳說的出入甚大，因此賽加也不再那麼戒慎恐懼。

「沒關係，我爸可以教我。」

「現在的精靈除了少數部族之外，幾乎沒有會使用魔法的，你爸怎麼教你。」萊普托斯嘆了口氣，緩緩地說著。

「我爸會魔法，他可以騎掃帚。」

賽加疑惑的看著萊普托斯，長老會議的精靈們都能使用魔法，何以萊普托斯會這麼說呢？

「那根本不算魔法，若要算的話，大概只有羌族、骨族那些部落還勉強可以叫作魔法。」提到羌族和骨族，萊普托斯悵然若失，不禁仰天長嘆。

賽加早前已經聽歐利提過這兩個部族的奇異魔法，但是在萊普托斯眼中，那還只能勉強算是魔法，心中不服氣。

「那你倒是說說看，什麼才是魔法？」

「魔法其實只是一種控制大自然的力量，在精靈的身體裡，或多或少都有一種魔元素，這種元素可以收集大自然的力量。」

萊普托斯伸出右手，手掌凝聚著淡藍色的光點，這些光點慢慢聚集成一顆晶瑩剔透水晶。

「凡物體均由原子構成，這些原子透過不同的排列組合，可以形成不同的物質，而且這些原子就存在於自然環境之中，透過魔元素吸收的自然力量，你可以任意控制這些原子，讓他們隨心所欲的排列組合，這是創造性魔法。以目前我的能力，只能創造非生物。」

萊普托斯伸出左手，一道閃電由指尖呼嘯射出，嚇壞了賽加。

「這是魔元素吸收自然力量，凝聚後形成的閃電。每種生物、自然現象中都藏著大量的能源，這些能源多半都浪費掉了，但是經過魔元素的凝聚後，你可以將這些能源納爲己用。這是釋放性魔法，有些精靈則稱爲攻擊性魔法。羌族和骨族所擅長的就是這類魔法，但是他們懂的魔法只能算是皮毛而已。」

「那我要怎麼學？」

萊普托斯的講解和示範讓賽加對魔法產生極大的興趣，一股想學習的衝動直湧上心

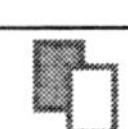

頭。

「不用急，我先將你體內的魔元素導入基因裡，這樣你才能自由的運用魔元素。」

萊普托斯將手放在賽加頭上，賽加只覺得一股暖流不斷充盈著四肢百骸，身體變得像羽毛般輕盈，有說不出的舒暢。

「學習魔法最重要的是精神的專注力，剛開始學習魔法，需要借助外物和咒語來加強精神力，學到一定的程度後，僅需要咒語，就能加強精神力，當你對魔法能收放自如時，只要心意一轉，魔法力量就能蓄勢待發。」

片刻之後，萊普托斯才將手收回，只見他額上汗水不斷的滴下，氣喘吁吁。

「今天到此爲止，明天再繼續。這裡的房間，隨你使用，先去休息吧。」

嘴上叫賽加去休息，其實真正需要休息的應該是萊普托斯，畢竟已經年老體衰，賽加體內魔元素的質量又遠比萊普托斯想像得多，剛才爲賽加導入魔元素，就已經耗盡全部的力量。

賽加看萊普托斯爲自己損耗那麼多體力，心生歉意，將萊普托斯扶到房內休息，並下定決心一定要好好學習魔法，以免辜負萊普托斯的教導。

賽加徹夜輾轉難眠，滿腦子想的都是肯特和比思克的安危，根本就無法靜下心來，好好休息。

翌日清晨，萊普托斯拿了支小手杖給賽加。

「你剛開始學習魔法，這支手杖給你當作輔助之用，另外我再教你一些集中精神力的咒語。」

賽加一夜未寢，雙眼滿佈血絲。「我現在沒有心情學，我爸和比思克他們遇到骨族精靈，到現在生死未卜，我實在好擔心。」

萊普托斯笑了笑，輕撫賽加的頭。「有聖獸的保護，我保證他們不會有事的，放心好了，你現在最重要的事就是趕快把魔法學好。」

聽到萊普托斯的保證，賽加總算放下心中的大石，開始跟隨萊普托斯學習魔法。

白天萊普托斯教導賽加運用的方法，晚上則講解魔法的原理。

這時賽加才知道，魔法是根據不同的特質形成的，精靈的身體可分爲各種不同的屬性，每種屬性可以衍生出不同的魔法，本身所涵蓋的特質屬性越廣，則可以衍生的魔法越多，力量的大小則是依本身魔元素的數量和使用率來決定，使用率則依每個精靈不同

的悟性而有差異。

學習魔法，最重要的是精神力，精神力是使用魔法的原動力。精神力越專注、越旺盛，由魔元素所聚集的自然力量就越能隨心所欲地使用。

十天很快就過去了，賽加以優越的資質，很快學會了不需要借助咒語，就能以精神力自由控制體內的魔元素，雖然還無法像萊普托斯一樣應用自如，但這樣的進境已經讓萊普托斯嘖嘖稱奇，刮目相看。

「當初我光是學到你現在這個階段，就花了數十年的時間，想不到你十天就學完了。真不愧是被選上的精靈。」萊普托斯感嘆地說。

「是你教得好，不是我學得快。」賽加有點不好意思，靦腆地低下頭。

「不用這麼客氣，你現在雖然已經可以控制魔元素，但還不能隨心所欲的應用魔法，我能教你的只有這樣，接下來就要靠你自己去創造屬於你自己的魔法，誰也教不來。」

這些天的相處，賽加已經了解傳說畢竟只是以訛傳訛，沒有太大的可信度，誠如萊普托斯這般和藹可親的長者，怎麼會變成了邪惡精靈。

「以後豆兒就跟著你，希望你別被他氣死。算算時間，他們也應該到雷洛斯城了，你就到那裡和他們會合吧！」萊普托斯把豆兒交到賽加手上，不捨地說著。

「謝謝你這麼多天的照顧，在臨走前還有一個問題想要請教你。」賽加離情依依，難捨地說道。

「別客氣，儘管問。」

「能不能請你告訴我，我該怎麼到雷洛斯城。我又不會游泳，也不知道雷洛斯城在哪。」賽加自覺得這是個蠢問題，表情有些尷尬。

「對不起，我忘了告訴你。」萊普托斯呵呵地笑了起來。

「傻瓜、傻瓜。」豆兒也在一旁湊熱鬧。

賽加低下頭，無言以對，臉紅得像隻煮熟的蝦子。

「豆兒會帶你去的，不用擔心。」

『不會又要水底漫步吧！』賽加看著豆兒，滿臉驚慌失措。

只見豆兒的身體外圍的霧氣慢慢脹大，幻化成一隻長翼獨角獸，雙側的翅膀也緩緩向外展開。

賽加看得目瞪口呆，半晌，才搖搖頭拒絕豆兒的好意。

「樣子是很好看，但能不能坐還不知道呢！」

樹林裡摸不不到豆兒的親身體驗，讓賽加不禁懷疑眼前這隻豆兒幻化成的長翼獨角獸，究竟有多少實用性。

豆兒見賽加猶豫不決，直接將賽加叼到自己的背上。

賽加慌張的掙扎了一下，直到自己穩穩的坐上了豆兒的背，才稍稍寬心。

萊普托斯摸了摸豆兒的頭，依依不捨地向賽加揮揮手道別，語重心長地叮嚀。

「記著，魔法未成熟前，千萬不要讓其他的精靈知道你會這些魔法，否則會招來不可預知的災禍。」

賽加點點頭，告別了萊普托斯，豆兒一振翅，已經載著賽加飛上天際。

第一次在空中翺翔的滋味，讓賽加心中充滿了緊張與興奮，轉眼間，孤島已經變成了一個小點。

他們在雲層中穿梭，享受無拘無束的快感，彷彿天地之間，只有他們的存在似的，直到賽加覺得玩夠了，他們才往雷洛斯城前進。

第5章　災難降世・隱形敵人

這十天，肯特每天只是望著水面，希望能有奇蹟出現，能讓他再找回寶貝兒子，但當船緩緩抵達雷洛斯碼頭時，肯特的期待變成了絕望。

看著肯特茶不思、飯不想，傷心欲絕的樣子，其他的精靈們也不知如何是好，節哀順變的話已經說過不下千遍，但一點成效也沒有。

這些日子，歐利總是時時陪在肯特身旁，深怕肯特一時衝動，跳到水裡去尋找賽加，並不時安慰肯特茫然的心情，雖然沒有太大的作用。

比思克因內疚而悶悶不樂，在月湖村碼頭時，若不是自己擔誤了啓航的吉時，或許這一切都不會發生，法頓長老的話猶在耳際，自責的心情，讓比思克變得鬱鬱寡歡，憔悴不已。

比思克的心情也波及到了愛琳，無法爲比思克分擔煩惱，看著比思克日漸憔悴，愛琳的心有如刀割一般的痛楚，她不明白爲何自己的心會痛，只是一看到比思克黯然的雙眼、落寞的神情，心就不斷糾結，想解也解不開。

歐利時時陪著肯特，但他的心情的難過並不下於肯特，雖然歐利和賽加相處的時間只有短短的幾天，但賽加面對危險的勇氣，已經讓歐利留下深刻的印象，更何況賽加是

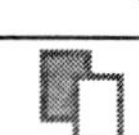

爲了救自己而落水，歐利是個恩怨分明的精靈，有仇放諸東流，有恩必報，然而現在連報恩的機會都沒了，這個遺憾又叫歐利情何以堪。

就這樣，十天充滿哀傷的航程，即使湖光山色，風景明媚，也沒有精靈有心情欣賞，更沒有精靈還有那個心思去追究爲何骨族精靈會突然離去。

到達雷洛斯城後，歐利和肯特下了船，進入雷洛斯城，只見街道冷冷清清，只有些老弱婦孺，在街上活動，完全沒有大城市的風光，蕭瑟的景象，連地處偏遠的月湖村看起來都比雷洛斯城還熱絡。

「歐利，你不是說這是個大城，各式運輸工具都有，怎麼是這般蕭瑟的光景。」

「我也不知道，我們去問看看，到底是怎麼一回事。」

歐利簡直不敢相信自己的眼睛，當初他由這裡離開桑特西斯城時，這裡還是繁榮的城市，怎麼現在幾乎變成了空城。

他們走到一個低著頭，呆坐在自家門口的老精靈面前。

「請問這裡到底是發生了什麼事？」

老精靈嘆了口氣，說：「我的兒子怎麼還不回來。」

「你的兒子怎麼了？」歐利一頭霧水。

老精靈抬起頭，認出歐利，站了起來，緊緊抓住歐利的手，聲音蒼老而顫抖。

「大長老，你要救救我們，不然我們真的活不下去了。」

歐利扶著激動的老精靈。「你說，只要我能幫忙的，一定在所不辭。」

「大長老會議決議要消滅羌族和骨族精靈，所以將附近所有城市的青年精靈，全都徵召到桑特西斯城，我兒子這一去就沒有再回來了。你要幫幫我的忙。」老精靈說到傷心處，不禁跪下懇求歐利。

「有這回事，好，我一定幫你。」歐利義憤填膺。

在一旁的肯特也覺得不可思議，大長老會議怎麼會做這種不明智的決定。

「我們會儘量幫你找回兒子。」

肯特深明失去子女的痛苦，答應協助尋找。

「你知道哪裡有運輸工具嗎？」歐利詢問老精靈。

「都沒有了，現在哪還有精靈在做這些，整個雷洛斯城只剩下我們這些老小而已，大長老，你一定要幫助我。」老精靈搖搖頭，無奈地說道。

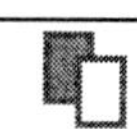

歐利和肯特失望地離開雷洛斯城，回到船上，原本就已經缺乏生氣的船上頓時變得死氣沈沈，肯特走到第一內艙，看著那十座雕像，嘆了口氣，喃喃自語。

「一路上遇到這麼多危險，還失去了賽加，難道真的要我放棄嗎？」

比思克急跑到第一內艙，拉著肯特的手，興奮地叫道：「回來了，回來了，賽加回來了。」

肯特一聽到這個消息，第一時間衝到甲板上，臉上的表情怪的難以形容，一會高興，一會擔心，一會生氣的。

來到甲板，只見賽加騎著一頭長翼獨角獸，在空中盤旋，最後終於停在甲板上。賽加還來不及下來，就直接從豆兒的背上穿過身體直接重重地摔到甲板上，摔個四腳朝天。

「怎麼不等我下來，想摔死我嗎？」賽加爬了起來，揉揉摔腫的屁股，嘟囔著說。

豆兒彷彿沒聽見似的，兀自變回一朵怪雲，跳回賽加肩上，看得眾精靈目瞪口呆。

肯特見賽加安全無恙，激動的說不出話來，衝上前去緊緊抱著賽加，歐利、比思克也向前和他們摟成一團。

賽加被抱得喘不過氣，直喊救命。

肯特、歐利和比思克圍在賽加身旁，詢問賽加落水後的遭遇。

賽加將如何被豆兒搭救，在孤島上遇到萊普托斯，如何學習魔法的事一五一十的說出，眾精靈在驚愕之餘，也不忘感謝豆兒。

愛琳看到比思克終於有了笑容，心情也不再那麼沈痛，笑顏逐開。

一掃前幾日的陰霾，船上的氣氛一下變得熱絡起來，除了賽加平安歸來，還帶來了隻奇異的冰狸。

高興完了，難題仍未有解決的方法，想到這裡，肯特和歐利的臉色不禁沉了下來。

「賽加已經回來了，應該高興才對，怎麼又開始悶悶不樂？」

歐利把適才在雷洛斯城所遇到的事情概略說了一遍，比思克氣憤實在是氣不過。

「大長老會議太過份了，怎麼可以這麼做。」

「我們先把雕像運到桑特西斯城後，再作打算。」

「現在什麼運輸工具都沒有，我們根本毫無辦法。」

「這不用擔心，我有辦法。」賽加拍拍胸脯，自信滿滿的模樣。

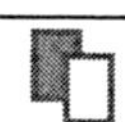

賽加獨自走到第一內艙，眾精靈還搞不清楚狀況時，賽加已經走回甲板。

「我們可以出發了。」

看見眾精靈個個莫名其妙地看著自己，賽加笑了笑，自口袋拿出十個拇指大小的雕像。

「這些雕像在這裡，這樣又輕又好拿。」

肯特對於賽加突然獲得的能力實在有點不能適應，支吾了半天。

「這是你在孤島學到的魔法嗎？」

雖然肯特也會魔法，但賽加的魔法實在有些令他匪夷所思。

「其實魔法包羅萬象，但源頭只有一個，我現在也說不清楚，等我想透徹之後，我再慢慢告訴你們。」

歐利帶著肯特、賽加、比思克和愛琳往桑特西斯城出發，其他的精靈則留在船上。

賽加滔滔不絕的向他們解釋著魔法的原理。

畢竟只是初學者，而且還不甚熟悉，所以賽加自認爲講得很淸楚，殊不知他們都聽得很模糊。

「錯了、錯了。」

豆兒在賽加肩上聽著的講解，不停地笑著，還不時給賽加漏氣。

賽加臉色一陣青一陣紅，恨不得把豆兒從肩上抓下來，只恨摸不到豆兒的身體，只好裝作沒聽見豆兒的話，卻惹的其他精靈大笑不已。

進到桑特斯城，他們才感到大城市的繁榮盛景，街上車水馬龍，熱鬧非凡，建築雄偉壯麗，金碧輝煌，別具特色。

肯特、賽加和比思克都是第一次來到這個魔法世界的第一大城，雖然對桑特西斯的繁華盛景早有耳聞，然而親眼目睹桑特特西斯城的盛況，還是令他們打從心底感到震憾。

歐利帶著他們走到大長老會議的所在地，歐利抬頭看著眼前的建築——紅頂圓閣，不禁回想，當初自己也曾是這裡面的一員，心中湧起無限感慨。

闊別數十年，如今再度回來，一切都變了，唯一沒變的是裡面那群精靈的自私與貪婪。

門口衛士認出歐利，滿懷笑意地跑了過來，向歐利作揖。

「大長老，你可回來了，我的地位低微，沒有說話的權利，但我還是看不慣那些大

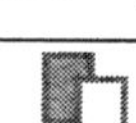

長老的作風，你知道這些年，爲了羌族和骨族的戰爭，犧牲了多少精靈的性命。尤其是這兩年來，更大舉徵召各地城市的精靈，可憐這些精靈，個個有去無回，真不知道什麼時候會輪到我。你倒是要勸勸那些長老、祭師們！不要再戰爭了，現在附近各城都惶惶不安，憂心忡忡的。」

衛士滿肚苦水，不吐不快，一看到歐利就像是看到救星似的，一股腦沒完沒了地說著。

「我會試試看，若他們當初肯聽我的話，我又何必離開桑特西斯城呢？」歐利無奈地嘆了口氣。

肯特、賽加和比思克聽得火冒三丈，連豆兒都忍不住作出生氣的表情，只是豆兒古怪的表情更惹人發笑。

在衛士的帶領下，歐利一行精靈進入了紅頂圓閣，途中，衛士提醒歐利。

「大長老會議現在已經名存實亡，所有的決策權都落在祭師柯特的手上，你自己要小心一點。」

歐利作夢也想不到，當初的死對頭現在竟掌握了所有的權力，依歐利對柯特的了解，這一趟必然危機四伏，不由得眉頭深鎖，只能祈禱此行不要碰見柯特。

最讓人擔心的情況往往最容易發生，到了大殿之後，接見他們的就是祭師柯特，可謂不是冤家不聚頭。

「前大長老回來啦！你不是說永遠不再踏進桑特西斯的嗎？是在外頭生活太苦，特別回來討碗飯吃嗎？」柯特一見到歐利，馬上擺出一臉不屑的神情，說話也變得尖酸刻薄。

「聽說大長老們近來一直對羌族和骨族採取極端的手段，引起不少的傷亡，附近各城無不怨聲載道，能不能聽我一言……」歐利對柯特的諷刺不予理會，中肯地說道。

柯特打斷歐利的話。「若你還是大長老，我倒是可以聽你說說看，你現在是什麼身份，你有資格和我說話嗎？何況你還是被驅逐的，有何顏面再踏進桑特西斯，不過我倒是可以可憐你，讓你留下來負責紅頂圓閣的清潔工作。」

其他精靈再也聽不下去了，比思克首先發難。

「我看你小眼睛、小鼻子、小耳朵的，一臉獐頭鼠目的樣子，一看就覺得是個壞胚子，不過聽到你說的話，我覺得我錯了，因爲你連壞胚子都不如。」

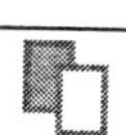

「你堂堂一個祭師，怎麼會講這種話，你這樣怎麼讓其他的精靈信服。」

「壞胚、壞胚。」

「小孩子不懂事，請祭師大量，不要放在心上。」

肯特覺得比思克和賽加的話說的有些過火，畢竟柯特是上位者，若惹怒了他，下場必定不堪設想，急忙圓場。

柯特曾幾何時被羞辱過，氣得臉上青紅交錯，但是礙於面子，也不好和小孩子計較，右手一揮。

「若沒有其他的事，就請滾吧！」

「這是在月湖村出現的神秘雕像，我們是特地把雕像送到桑特西斯請長老們指示如何處置的。」肯特示意賽加拿出雕像。

賽加拿出雕像，一個一個排放整齊。

『就這些小玩意。』柯特看到這些小雕像，也懶得和他們糾纏下去。

賽加將雕像放好後，使用魔法將雕像恢復原來大小。

「小子，你叫什麼名字？」柯特對賽加的能力驚異不已，更產生了極大的興趣。

「是問我嗎？」賽加指著自己的鼻頭，疑惑地問道。

「當然，我何必知道他們的名字。」

這句話又惹來眾精靈的不快，但爲了避免麻煩，肯特還特地把比思克拉到身後，若肯特沒有這麼做，比思克差點又要脫口而出。『我更不屑知道壞胚子的名字！』

「我叫賽加。」

柯特笑了笑，這不懷好意的一笑，笑得眾精靈心裡毛毛的。

「賽加，看你剛才的表現，想必有足以消滅羌族和骨族的魔法力量吧！」

柯特的話一出，賽加突然想起萊普托斯的話，『千萬不要在其他精靈前顯露魔法』，但現在才想到已經來不及了。

「我不會什麼魔法。」懊惱的賽加推辭著。

「柯特，你不要拿小孩子的性命開玩笑。」

「賽加真的不會什麼魔法，請祭師網開一面。」

「沒問題的，只要他消滅了羌族和骨族，立了大功，將來一定可以坐上祭師的位置。」

柯特親切的笑著，笑容中更帶著幾分奸險狡詐。

「我才不想和你一樣。」賽加年紀尚輕，見柯特和顏悅色，也就不再忌憚。

「若是賽加和你一樣，那我就不屑再和他當朋友了。」

兩個精靈的話一出，歐利馬上出口制止，肯特見柯特的臉色變得陰沉不定，知道他們闖禍了，不由得心下著急。

歐利和肯特的顧慮很快就成真了，只見柯特臉上浮現青筋，大喝：「大膽的賽加，竟然敢公然違抗大長老會議，衛士們，把賽加押入地窟。」

柯特的這番話，顯然表示自己就可以代表大長老會議，權力著實不小。

柯特右手一揮。「其他的精靈全部趕出桑特西斯城，若他們敢再踏進城裡，就一併關入地窟。」

肯特怎麼也想不到，本來只是很單純的將雕像運到桑特西斯，現在卻無端多了這麼多紛擾，眼睜睜看著賽加被押入囚牢，卻又無計可施，當真是啞巴吃黃蓮，有苦說不出。

趕走了歐利之後，柯特看了看大殿的十座雕像。「這種不祥之物，留著何用，把它全部搬到後城，沉到湖底。」

歐利一行無奈地回到船上，歐利見肯特悶悶不樂，開解道：「賽加應該不會有什麼危險，柯特把他關起來的用意，不過是要利用他的魔法，所以不會傷害他的，放心吧！」

「這我也知道，只是賽加這孩子，心性仁慈又固執，只要他不想做的，就一定不會去做，就怕柯特惱羞成怒，加害於賽加。」

肯特嘆了口氣，無故多出這許多事端，叫肯特怎能不心煩意亂。

「怎麼會有這種精靈，總有一天，我一定要他好看。」

「看來目前只好先在這裡等待，再想辦法救出賽加。」

「爲什麼不集合附近精靈，一起來抵制柯特的專橫呢？」一直默默不作聲的愛琳突然語出驚人。

「這種叛逆的話千萬別亂說，萬一被有心的精靈聽到，告到大長老會議，後果可不堪設想。何況柯特現在把持著大長老會議，我們實在沒有能力和他們對抗。」歐利急忙制止。

「難道我們就要任憑柯特的宰割嗎？真不明白你們在想些什麼，我就很贊成愛琳的建議。」

「好了，你們小孩子不會明白事情的嚴重性，別胡亂插嘴。今天大家都累了，先回去休息吧！」

關入地窟的賽加，面對著死氣沉沉的灰暗四壁，孤寂的恐懼感直竄內心最深處，地窟內靜到連頭髮掉到地上的聲音都清晰無比，若不是有豆兒隨身伴著，一個小孩怎麼能忍受這種彷若全世界只剩下自己活著的孤獨。

幽暗的地窟連透光的窗子都沒有，唯一的一絲光明，是來自門上的小小縫隙，賽加害怕的縮在地窟的角落，混身不由自主的抖著，心想若不答應柯特的要求，恐怕再難有重見光明之日，若答應柯特的要求，那更有違自己的良知，一輩子都會於心不安。

這種矛盾的心情一直困擾著賽加。

豆兒不忍心看賽加獨自縮在角落擔心害怕，硬是擠到賽加的懷中，對著賽加扮小丑。豆兒很努力的扮演小丑，東翻西滾，無所不用其極，想要搏得賽加一笑，奮鬥了老半天，見賽加仍是愁眉不展，最後累到四腳朝天，霧氣散盡，現出原形。

賽加會心一笑，向前抱起豆兒。

「謝謝你，可是我都不知道該怎麼辦，如果比思克在的話，一定會知道該怎麼辦。」

豆兒依偎在賽加懷裡，彷彿又恢復了元氣。「魔法、魔法。」

「你是要我在這裡練習魔法嗎？」

豆兒高興的點點頭，賽加卻搖搖頭。

「我現在根本無法集中精神力，要怎麼練習呢？」

豆兒從口中吐出霧氣，慢慢將自己和賽加包圍。

一開始賽加還不明白豆兒的用意，直到週圍突然出現一絲光明，賽加看看四週，竟然是充滿奇花異草的孤島。

賽加明白豆兒的苦心，爲了幫助自己，特別製造一個幻境。雖然賽加知道這只是幻境，但比起幽暗的地窟總是好得太多了。

「謝謝你，我一定不會辜負你的努力。」賽加心中感激，雙手抱起豆兒，原地跳起舞來。

製造幻境需要耗費極大的能量，所以豆兒每天只能製造一次，每次也不過數小時。但這短短的數小時，對賽加來說，這已經足夠了，至少在幻境裡，賽加可以暫時忘掉那個可怕的空間，可以看到一絲的光明。

賽加每天利用待在這個幻境的時間，努力研究魔法，配合豆兒幻境的魔法能量，進

境一日千里，幾天下來，賽加已經能掌握各種魔法的應用方式，即使如此，還是有些事讓賽加想不透。

這段期間，柯特每隔二天就會到地窟來詢問賽加的意願，每次都會開出不同的條件，不過不論條件再怎麼優渥，賽加總是堅定地回絕。

這天，練習結束後，賽加躺在草地上，詢問趴在自己胸前的豆兒。

「豆兒，萊普托斯曾說，每個精靈都有屬於自己的身體特質，可是爲什麼我就是掌握不到自己是屬於哪一種特質呢？」

「不知、不知。」豆兒兩眼轉呀轉的，想了一下，對賽加笑了笑。

賽加看豆兒逗趣的模樣不禁笑了出來。「不知道就算了，沒關係。」

不一會，賽加心情沉了下來。『不知道我爸他們怎麼了，不知道他們是否平安，好想見見他們。』

「看看、看看。」豆兒似乎能了解賽加的心意，把前腳舉到眼前。

「好極了，你去替我向他們報個平安。順便請他們先回月湖村，我怕他們留在桑特西斯附近，可能會有危險，萬一柯特拿他們來威脅我，那可不妙了。」賽加坐了起來，把豆兒捧在手中，仔細吩咐著。

豆兒點點頭，收起魔法幻境，一溜煙鑽出地窟，頃刻間就來到了船上。

眾精靈看到豆兒，個個喜出望外，豆兒勉強的慢慢把賽加的意思傳達給肯特，這短短的幾句話，可耗掉了大半天的時間，眾精靈兩眼直盯著豆兒，耐心地聽豆兒把話說完，差點沒把急性子的比思克給憋死了。

知道賽加平安無事，大家才鬆了口氣。

愛琳伸手摸摸豆兒，想不到竟碰不到豆兒的身體，只好把手縮回來。

「你說話的樣子真有趣，你的身體更有趣，竟然摸不到。」

「能不能把說話練一練，每次只說兩個字，還要重複一遍，若不是說這麼重要的事，誰聽得下去。」急性子的比思克不禁抱怨。

「賽加顧慮的也不無道理，我看我們就先回去好了，依賽加的能力，應該可以應付的來，我們留在這裡，反而會給賽加製造無謂的困擾。」

「賽加的能力我當然相信，但是他的個性實在讓我不放心。」

肯特來回踱步，想了許久，才下定決心。

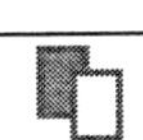

「好，我們明天就回月湖村。」

「麻煩你回去轉告賽加，我們先回月湖村，他自己要多加小心，凡事不要太堅持，要懂得變通。」

肯特想要多叮嚀一些，但看豆兒剛才的表現，實在也不敢多說什麼。

豆兒回到賽加身邊，把肯特的話重新傳達一遍，賽加也聽得差點受不了。最後終於耐心的聽完。

「謝謝，這樣我就放心了，我打算等我把魔法練得更熟之後，就直接闖出去，相信他們也攔我不住。可是我又怕我就這樣闖出去，那些衛士一定會受到很嚴厲的處份，我實在不想害了他們，豆兒啊豆兒，你能不能告訴我，我該怎麼做呢？」

看守地窟的衛士別說攔不住賽加，連豆兒都攔不住，他們怎麼可能任由豆兒大搖大擺的進出地窟，這可是失職的重罪，誰都擔待不來。

可是面對一個碰不到、摸不著，像個幽靈的東西，他們就算是想破了腦袋也想不出攔阻的方法，只得任由豆兒自由來去。

入夜之後，雷洛斯碼頭突然來了一群不速之客，將肯特的船層層包圍。

柯特幾次的勸誘失敗之後，終於也將腦筋動到肯特身上，船上數十個精靈，一個不少全被五花大綁帶回桑特西斯城，進到大殿，只見柯特笑嘻嘻地迎接他們。

「那個誰啊，你兒子真不識好歹，我好話說盡，他卻怎麼都不肯替我做事，只好勞煩你們回來一趟了。」

「柯特，你難道就只會用這種下流的手段嗎？」歐利氣沖沖地怒目相視。

「歐利大長老，你認識我又不是一天兩天，咱們數百年的交情了，你會不知道我是個只求目的，不擇手段的精靈嗎？本來想說關他個幾天，讓他害怕，他自然就會乖乖就範，誰知道他那麼倔強，所以不得不請你們來一趟。」

柯特對歐利質問毫不在意，說話更厚顏無恥。

「你這個壞胚子，如果哪天落到我手上，我一定要讓你不得好死，求生不得，求死不能……。」

激動的比思克，能罵的都罵了，隨著比思克的叫罵聲，其他精靈也紛紛起而效尤，不罵不快。

柯特仍然是一臉笑嘻嘻，絲毫不在乎的表情。

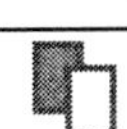

「愛罵就儘管罵，只要賽加替我消滅了敵人，你們就有得罪受了，要罵就要趁現在，不然以後可能連說話的機會都沒有了。」

柯特喝令衛士將眾精靈押入另外一處隱密的地窟，再一次來到賽加的面前，看到柯特不懷好意的笑容，賽加已經心中有數。

「賽加，你猜猜看，今天我會提出什麼條件？而且這個條件，你一定會接受。」

「好，我答應你，但是你一定要保證他們的安全，若他們有些差池，我一定不會饒過你。出發之前，我想先見見他們。」

賽加雖然無奈，但也不得不答應柯特的要求。

「真抱歉，現在不能讓你見他們，要見他們，你就要趕快完成任務回來，這樣你們就可以團聚，這樣不是很好嗎？」

無可奈何的賽加，只好依柯特的意思，前往消滅羌族和骨族，出發之前，賽加特地將豆兒留在桑特西斯城，並叮嚀豆兒好好保護其他的精靈，自己只帶了柯特交付的地圖，孤身勇闖龍潭虎穴。

在地窟的比思克等精靈，只能無奈地等待，黑暗中，愛琳怕得直抖，比思克摟著愛琳，不斷給予她鼓勵與希望。

賽加前往亞西斯山脈後，一股隱形的死亡陰影，已經悄悄籠罩整個魔法世界。

亞米契斯的靈體帶著來自人類世界的病菌，在神不知鬼不覺的情況下，來到了桑特西斯。

「這裡就是魔法世界最大的城市桑特西斯，我們就從這裡開始吧！」

「好極了，我終於又可以盡情發揮自己的才華。」天花病毒看著成千上萬外形和人類雷同的精靈，不由得摩拳擦掌，想要一試身手。

「記住我們的約定，魔法世界裡有四個精靈是你們不能碰的，其他就隨你們高興。」

「是誰，又為什麼不能碰？」

「地窟裡的兩個小孩，以及柯特和萊斯，至於為什麼，恕我不能告訴你們。」

「沒關係，又不差這四個精靈，我們可以開始入侵了吧！」

炭疽桿菌孢子首先發難，率先進入精靈體內，精靈體內負責第一線防衛的巨噬細胞立即向前迎戰，部份的炭疽桿菌孢子被巨噬細胞吞噬並殺死，補體也紛紛趕上來幫忙，進行調理作用，讓孢子更容易被巨噬細胞吞噬，但還是有部份的孢子移行進入附近的淋巴結，並開始生長，成為炭疽桿菌。

成為炭疽桿菌，就不再像孢子一樣，只能默默承受巨噬細胞的攻擊，並開始展開反擊，炭疽桿菌體內的兩個質體 pX01 與 Px02 並肩發揮作用。

Px02 開始製造防止巨噬細胞吞噬作用與調理作用的外殼，以保護自己，先讓自己立身於不敗之地。

pX01 則製造保護性抗原、致死因子和水腫因子這三種致命毒素。保護性抗原經過再分解後，寄生在精靈體內細胞的膜上，形成一個通道，讓致死因子和水腫因子可以進入細胞，破壞細胞的正常功能，讓精靈開始生病。

水腫因子還能阻斷巨噬細胞的吞噬功能，增加炭疽桿菌在感染初期的存活率。致死因子則會讓巨噬細胞溶解，瓦解精靈體內的第一道防線，使炭疽桿菌的入侵能順利進行。

肉毒桿菌孢子也不讓炭疽桿菌專美於前，侵入了精靈體內，避開了免疫系統的攻擊，生長成肉毒桿菌，開始釋放毒素，毒素沿著循環系統，一路暢通無阻的來到神經末稍，並和神經突觸前接受體結合，抑制鈣離子進入細胞內，阻斷了神經傳導物質乙醯膽鹼的釋放，讓肌肉失去收縮的能力，造成鬆弛性的肌肉麻痺。

這群來自人類世界的微生物，就像是隱形的敵人，悄悄地侵襲著魔法世界，精靈們開始發生各種不明的疫病，一個傳一個，使整個桑特西斯更陷入空前未有的恐懼中。

精靈們紛紛謠傳，這是精靈之神給予桑特西斯長年征討羌族和骨族，造成生靈塗炭的懲罰，並聚眾在紅頂圓閣前，希望柯特能放棄征討羌族和骨族。

慢慢的，較聰明的精靈發現，和生病的精靈接觸後，發生疫病的機會很大，並將這個發現向柯特報告。

殘忍的柯特爲了杜絕疫病的快速漫延，下令只要生病的精靈，不論死活，一律以火刑處置，殘酷的手段雖然惹得天怒人怨，卻也使得瘟疫的傳播速度漸漸的慢了下來。

精靈們並不知道，感染時有一段的潛伏期，這段期間雖然還沒生病，但也可能將瘟疫傳染給其他精靈，甚至有時候感染卻沒有症狀，雖然外表看起來很正常，但是身體裡卻帶著這些病菌，隨時還是可能再將病菌傳染出去。

因此，即使柯特使用了最極端的手段來阻止瘟疫漫延，也只能治標而不能治本，這些病菌們仍快樂地生存在魔法世界。

看到這種情形，最得意的莫過於亞米契斯，一切都在他的掌握和算計之中，復活之

期指日可待。

亞米契斯在人類世界面對病菌們時，好像什麼都不懂，其實他對所有的病菌都瞭若指掌，這麼做只是要讓病菌們失去戒心，好讓自己的計劃能順利實行。

第6章　香消玉殞・復仇之人

不知道桑特西斯城發生重大變故的賽加，一心只想趕緊完成任務，讓肯特和其他精靈免受牢獄之苦。

雖然心中有百般不願，但賽加一直這麼告訴自己，『羌族和骨族殘忍兇暴，為禍世間，剷除他們也是為精靈們除害』。

賽加不斷自我說服，絕不可以心軟，即使如此，賽加仍然猶豫不決，要自己去殘殺其他精靈，賽加是怎麼也做不到啊！

幾天後，賽加已來到羌族地界，躊躇之際，倏然聽到前方傳出喊叫聲。賽加聞聲，爲免不必要麻煩，迅速藏身於樹叢間，先看個究竟再作打算。

由遠而近，賽加看到幾個皮膚呈現淺藍色的精靈，追趕著青麒獸，並不時發出威嚇的喊叫聲。

青麒獸是魔法世界中少數的兇猛野獸之一，身上滿佈青色鱗甲，可以抵禦武器攻擊，腳上利爪足以分金斷石，口中的倒勾利齒，更讓到口獵物毫無逃生機會。

尋常精靈遇到青麒獸都避之唯恐不及，怎麼會有精靈敢赤手空拳的追捕這麼危險的野獸，這倒是讓賽加感到十分好奇。

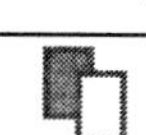

起初青麒獸只是拚命逃竄，矯捷地在岩堆中穿梭，那些精靈也不是省油的燈，幾個起落又已經追到青麒獸身後。

青麒獸被逼急了，突然轉身向精靈們咬去，欲作最後困獸之鬥。

距離青麒獸最近的精靈冷不防這突如其來的突擊，被咬個正著，發出一聲悽厲的慘叫聲後，連掙扎的機會都沒有就氣絕身亡，其他精靈見狀，忙向四週跳開，一個年紀較輕的精靈雙手結起手印，口中唸著土牙咒。

大地之靈，聽我召喚，紅土之牙，展現力量，拉摩納多耶。

這個咒語賽加已經耳熟能詳，吃驚的賽加暗想：『原來他們都會使用魔法，只是還需要靠咒語來集中精神力，這倒是有點遜。』

年輕的精靈唸完咒語後，雙手指向地面，異變陡生。青麒獸的四週地面突然竄出數道尖銳的石柱，直刺青麒獸，彷彿是地面上多了個長著石牙的血盆大口，悍然咬向青麒獸。來不及逃開的青麒獸被石柱刺個正著。

精靈們見年輕精靈一擊得手，紛紛面露喜色，唯獨年輕精靈仍皺著眉頭，一點也感受不到喜悅的神情。

精靈們還在高興的時候，只見青麒獸堅硬的鱗甲，不但將所有石柱擋下，更把石柱震得粉碎。毫髮無傷的青麒獸，狂性大發，直取年輕精靈，年輕精靈見青麒獸來勢洶洶，也來不及再施展魔法，只得縱身躲開。

精靈們見青麒獸直撲年輕精靈，知道青麒獸一定是要把握年輕精靈來不及再施展其他魔法的空隙進行攻擊，紛紛開始唸起咒語，剎時間，火光、電光四射，蔚爲奇觀。

青麒獸被多重魔法擊中，鮮血自口中濺出，受了傷的青麒獸非但沒有停止攻擊，動作反而更迅速，攻擊也更凌厲，彷彿要一拍兩散，非將年輕精靈置於死地不可。

片刻間，年輕精靈已被青麒獸逼得無路可退，眼看就要喪生在青麒獸的利齒之下，精靈們即使想搭救，無奈已經沒有讓他們唸咒語施展魔法的時間。

賽加不假思索施展魔法，一顆超乎賽加想像，碩大並挾帶陣陣電光的雷球，自草叢中激射而出，不偏不倚地擊中青麒獸，強大的爆炸威力，掀起了漫天塵沙。

這場驚天動地的爆炸，嚇得精靈們不敢妄動，個個呆立在原地，直到塵埃落定，精靈們才趕緊跑到年輕精靈的身旁，護在年輕精靈四週，到處張望。

「對不起，剛才一時控制不住力量，害我一直擔心是不是連你也被波及，幸好你沒

大礙。」賽加自樹叢中走出，口中還不住地道歉。

年輕精靈拍拍身上的灰塵，站了起來，走到賽加面前，上下打量著賽加。

「很感謝你救了我，但是看你古銅色的皮膚，應該不屬於我們一族，你到這裡來做什麼。」

「我是來消滅羌族和骨族的。」賽加面有難色地說道。

不知賽加是太笨還是太老實，就這麼實話直說。

其他精靈聽到了賽加的話，紛紛跑到年輕精靈身旁，個個劍拔弩張的態勢。

賽加一時忘了剛才說的話，只是覺得剛才幫了他們，他們怎麼會用這種態度對待自己。

「我就是羌族族長之子，既然要消滅我族，又爲何要救我。」年輕精靈向後退了一步，瞪著賽加。

「要消滅我們，就要憑本事，就算你有再大的力量，我們也不怕。」年輕精靈身旁的一位精靈指著賽加，氣氛頓時凝重起來，隨時會有場大戰似的。

「原來你們就是羌族精靈，難怪我看你們的膚色和我不同，而且還會使用釋放性魔法。」

這種場面實在讓賽加尷尬不已，一下子不知該如何是好。

「你是桑特西斯派來消滅我族的精靈，理論上我們應該是敵對的，但是畢竟你救過我，我的命也算是你借我的，若你想要我的命，我隨時都可以還給你。不過我倒是很欣賞你老實的個性，在你要我的命之前，至少可以交個朋友吧！我叫萊斯，你呢？」

年輕精靈笑了笑，大步走到賽加面前伸出手，一點畏懼的神色也沒有。

精靈們見萊斯的舉動，擔心賽加出其不備的攻擊，紛紛向前勸阻。

「好啊！我最喜歡交朋友，你叫我賽加好了。」

天真單純是賽加的本性，一提到交朋友，賽加的興緻就來了，馬上忘了眼前精靈就是自己奉命要消滅的羌族精靈。

萊斯見賽加年紀還小，天性善良單純，也不像是個好戰的精靈，心中更加好奇。

「看你年紀還小，怎麼會被派來消滅我們呢？就算你的力量再強，也不該讓你冒這種險，難道你的父母會放心讓你執行這種任務？」

「我也不想，可是我的父親還有朋友都被關在桑特西斯城，可惡的柯特拿他們來威

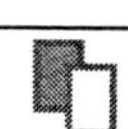

脅我，所以我才會接受這項任務。」

賽加低下頭猶豫一會，才哽咽地把在桑特西斯城的遭遇，一五一十說了出來。

「別擔心，我們一定幫你把他們救出來。」萊斯聽得五內冒火，七竅生煙。

「這該死的柯特，我們都已經躲到這種深山裡，他還不肯放過我們，平時沒事就派精靈來攻擊我們就算了，現在連小孩子都要利用，這種精靈死十次都不夠。」

「我再也忍不下去了，我一定要去桑特西斯城把柯特大卸八塊。」

其他的精靈也同樣氣結，不滿之聲此起彼落。

「你們怎麼跟傳言的不太一樣？」賽加看他們也不像是傳說中那種兇惡殘忍的精靈，不禁好奇地問。

「什麼傳言？」

「你們不是靠掠奪和吃其他精靈爲生的嗎？」

這就是賽加單純可愛之處，單刀直入，毫不作假。

「你這是哪聽來的，如果我們吃其他精靈，何必這麼辛苦的和青麒獸搏鬥，以我們的能力，隨便抓個精靈不是既方便又省力。」萊斯聽得哈哈大笑，隨口回答賽加的問題。

其他精靈同樣對這個無稽之談大笑不已。

「就是這個傳言眾所皆知，所以柯特才會派軍隊來對付你們。」

「放心，我不會吃你的，我們先回族裡，再慢慢研究怎麼救出你的父親和朋友。」

精靈們把殉身的精靈和青麒獸的屍體抬著，浩浩盪盪地回到羌族，賽加第一次來到亞西斯山的羌族部落，忍不住好奇地四下張望。部落中的一切都顯得非常的簡陋，而且精靈數目不過百個，看到他們抬回青麒獸的屍體，紛紛圍了上來。有些幼小精靈好像營養不良似的異常消瘦，這種情形讓賽加於心不忍。

萊斯迫不及待將賽加帶到家裡，回到家中，只見一個身材高大的精靈愁眉苦臉的坐在大廳。

「有什麼事嗎？」萊斯走到他面前問道。

「唉！和骨族競技的日子就快到了，但是自從上次和桑特西斯的軍隊一戰之後，我們元氣大傷，真不知還能派誰去參加。」

「我去就好了，我的魔法大有進境，一定可以贏的。」萊斯拍拍胸脯保證。

「別胡鬧，骨族的西恩雖然年輕，但是魔法力量之大，連我都自嘆不如，更何況是你，唉！如果這次又輸的話，要怎麼活得下去？」

「到底是什麼競技？」賽加忍不住，好奇地發問。

莫比一直心煩競技的事，沒注意賽加的存在，直到賽加出聲，莫比才發覺萊斯身後的賽加。看到賽加的膚色，莫比不由得勃然大怒。

莫比激烈的反應把賽加嚇了一跳，萊斯在一旁連忙解釋。

「忘了跟你介紹，他叫賽加，在追捕青麒獸時，是他救了我，不然我早就被青麒獸咬死了。」

「怎麼可能？他們這種養尊處優的精靈怎麼可能有能力殺死青麒獸？」莫比一付毫不相信的模樣。

在莫比的印象中，除了羌族和骨族之外，其他的精靈都不會釋放性魔法，也難怪他會這樣懷疑。

「是真的，他的魔法不但力量大，而且還前所未見。」萊斯把賽加拉到自己身旁，興高采烈地說。

莫比雙眼直盯著賽加，看得賽加混身不自在。

「那你來這裡做什麼？」

萊斯知道父親的脾氣火爆，若知道賽加的任務，一定會馬上和賽加動起手來，於是搶在賽加的前頭開口，以免老實的賽加說了不該說的話。

「他是在山裡迷路，正好遇到我們。」

「萊斯，我剛才不是告訴過你了嗎？你怎麼說錯了，我本來是要來消滅羌族和骨族的……」

話還沒說完，只見莫比睜大雙眼，站了起來，以迅雷不及掩耳的速度，一拳朝賽加打了過去。

賽加不知道自己犯了什麼錯，竟惹得莫比這般生氣，冷不防地被一拳打得昏頭轉向，倒退十多步，莫比口唸火靈咒語。

火焰之靈，神秘狂舞，吞噬天地，萬物荒蕪，納耶波羅斯。

萊斯知道情況不妙，正要向前阻止，卻爲時已晚，一條火舌已經如箭般，急射向賽加。

賽加回過神，見火舌撲向自己，眼看已來不及閃避，心念一轉，不知不覺間已經施

展魔法，一面玲瓏水鏡突然出現在賽加身前，擋住了莫比的悍然一擊。

莫比和萊斯對賽加的魔法同感驚奇，既沒有手印，也沒有咒語。能夠如此隨心所欲使用魔法的精靈，簡直前所未聞，莫比開始相信賽加有著不可思議的特殊力量。

萊斯看到賽加安全無恙，這才鬆了口氣。

「你不要每次都這麼衝動，他是因為父親和朋友被柯特抓住，受到威脅才會來消滅我族，而且他還救過我的命。」

「你是怎麼辦到的？」莫比對萊斯的話充耳不聞，毫不關心，只是不斷地追問賽加。

「我聽不懂你在說什麼？辦到什麼？」賽加對莫比的話感到莫名其妙，更不知該如何回答才好。

萊斯見莫比只對賽加的魔法力量有興趣，於是順水推舟，引出莫比濃厚的興緻。

「賽加在救我時，用的是光球，不是水系魔法。」

「這怎麼可能，一個精靈只能使用一種屬性的魔法，他怎麼能使用不同的屬性的魔法。」

萊斯簡單的一句話，果然馬上勾起莫比的興趣。

「你那一拳可真重，把我打得七葷八素，到現在頭還在暈呢！」賽加緩緩站了起來，晃了晃腦袋瓜子。

莫比對賽加的印象完全改觀，也不管賽加的任務，趕緊跑到賽加面前，小心翼翼地把賽加扶到椅子上坐著，簡直將賽加當成了上賓。

「你能不能告訴我，你是怎麼辦到的，不用手印或咒語就可以施展魔法。」

「剛才差點要把他打死，現在知道他有不可思議的魔法力量，又把他視爲貴賓，你也太現實了吧！」

「小孩子插什麼嘴，有了這種力量，就可以贏得競賽，這才是最重要的，你懂什麼。」莫比狠狠地瞪了萊斯一眼。

在莫比眼中，再也沒有任何一件事比贏得競賽更加重要，而賽加正是贏得競賽的關鍵。

『賽加的年紀比我還小呢！有力量才有說話資格嗎？』萊斯心裡犯嘀咕。

「我可以教你魔法，但是你要先告訴我，你所說的競技到底是什麼？」賽加對莫比的話有些不明白，打破沙鍋問到底。

「在羌族和骨族之間，有一個叫作七彩原的地方，那裡有著許多的獵物，羌族和骨族每年都會舉辦一次魔法競技，贏的一族可以掌管七彩原。你自己也看到了，我們爲了食物，甚至要和青麒獸搏鬥，今年若再輸的話，說不定我們全族都會餓死。」莫比感嘆的說著，眼中還不斷流露無可奈何的神情。

身爲羌族之主，莫比始終無法解決族內的糧食問題，眼見族內精靈因飢餓而倒下，莫比內心的沈痛，是其他精靈難以理解的，因此，莫比更將解決糧食問題，當作一生追求的最大目標。

賽加從進到羌族後，就一直覺得這裡實在不是個適合居住的地方，既沒有辦法種植農作物，連其他生物的蹤跡都不多見。

「爲什麼不遷到食物豐沛的地方居住，這樣就不用爲食物所苦。」

「不是我們不遷移，而是實在找不到一個食物豐沛，又沒有其他精靈居住的地方，若是找得到，誰願意住在這種地方。」

「爲什麼要沒有其他精靈居住的地方。」

「你看我們的膚色，和你們相差那麼多，而且我們天生就能夠使用釋放性魔法，其他的精靈當然會對我們感到恐懼，甚至偶爾在山裡遇到我們，都會嚇得落慌而逃。你說，我們怎麼可能遷到其他地方。」

「其他精靈會害怕，是因爲傳聞中，你們不但會攻擊其他精靈，甚至以其他精靈爲食物。」

「無稽之談，我們羌族什麼攻擊過其他精靈，若我們要搶奪其他精靈，以其他精靈爲食，我們怎麼可能會過得這麼痛苦。其他精靈軟弱無比，我們若真的要這麼做，又何必躲在山上。」

莫比生氣地指著賽加，這麼辛苦地躲在山上，只爲減少無謂的紛爭，想不到還被其他精靈誤會，也難怪莫比會氣憤不平。

「不只是我們，骨族也是一樣。但是還是有少數精靈會受不了這樣的生活，偷偷跑法攻擊其他精靈，不過這是不被允許的。前一陣子就有五個骨族的精靈，擅自跑去攻擊一艘船，直到現在那些精靈都還被關著。」萊斯補充說道。

「那柯特爲什麼還執意要將你們消滅呢？」

「很久以前，我們的祖先爲了不與其他精靈發生衝突，所以遷到這裡，直到百年前，柯特曾經到這裡找過我，希望我可以幫助他，剷除異己，我當然不肯答應，誰知道他竟然煽動大長老會議對我們用武力，或許是害怕有一天我們會幫助他的對頭來反抗他吧！」

萊斯又接著莫比的話。「我倒是覺得，柯特是因爲想要鞏固自己的地位，才不斷的對我們使用武力，如果能消滅我們，他的權利就能如日中天，若是不能消滅我們，也可以藉由我們的力量，消滅可能對他不利的精靈。何況我們在其他精靈的眼中，就像是可怕的怪物，他正好可以名正言順的對我們使用武力，來個一石二鳥。」

『原來他們並不像傳聞一樣，兇殘不仁。和他們相比，柯特才是可惡。』賽加說道：「既然如此，爲什麼你們不出面說明，這樣只是讓事情不斷的惡化下去。」

「誰會相信我們，他們看到我們，逃都來不及了，誰會聽我們的話。」

賽加已經大致了解事情的來龍去脈，也爲羌族和骨族的處境感到不平，消滅羌族和骨族的任務，是說什麼也不能做的。但這樣一來，那些被關在地窟的精靈就有危險，若直接到桑特西斯救他們，又會造成無辜精靈的傷亡，賽加也不願見到這種情形，只能無奈地低著頭，內心百感交集。

萊斯多少已經猜到賽加心中的顧慮。「不用擔心，他們暫時不會有事，你先留在這裡，我們再慢慢想辦法，總會有好辦法的。」

「賽加，你可以教我們使用那種不用咒語的魔法嗎？」莫比最關心的還是競技的問題，話題再怎麼轉，總是離不開競技。

「可以，但是我希望你們能和骨族和平相處，不要再做這種無謂的競技，能共享七彩原不是很好嗎？」

再怎麼說，莫比也是爲了解決糧食問題，賽加又怎麼有理由拒絕呢？

「我們也想和骨族共享七彩原，不想進行這種競技來爭奪七彩原，但是七彩原雖然有不少食物來源，但畢竟不夠兩族共享，若有一天，連七彩原的食物都沒有了，兩族豈不是都要餓死，所以我和骨族族長商議的結果，認爲這是無奈中的唯一辦法。」

賽加沉吟半晌，愼重地在心中盤算了一下，才開口說：「我想先到骨族一趟，應該有更好的解決方法。能不能請萊斯帶我去。」

莫比擔心賽加一去，也會教骨族精靈魔法，這麼一來，競技一事又將生變數，故久久都無法下決定。

「爸，不用擔心，賽加不會教骨族精靈魔法，至少在競技開始之前不會。」萊斯笑了笑，一語道破莫比心裡的顧慮。

賽加聽到萊斯的話，才恍然大悟，明白莫比擔心的是這個問題。

「放心好了，我不會教他們的，除非得到你的同意，可以放心了嗎？」

聽到賽加的保證，莫比總算放下心中大石，同意讓萊斯領賽加前往骨族之地。

一路上，賽加和萊斯相談甚歡，很快地，他們已經來到骨族的地盤，骨族精靈看到萊斯帶著異族精靈前來，不禁議論紛紛，但也沒有向前攔阻。

突然間，一個身影飛快地閃到萊斯面前，雙手交叉在胸前，阻住他們的去路。

來者身形不算高大，只比賽加略高，方臉大耳，兩眼目光如炬，一頭青色短髮，嚴肅的神情略帶著幾分稚氣。

「萊斯，你帶著異族精靈來到這裡，有什麼意圖？」

「西恩，不用這麼嚴肅，我們是來找你們族長，他在嗎？」萊斯笑著回答，賽加看得出他們早已熟識。

羌族和骨族雖然每年都要爲了爭奪七彩原而戰，然而只要結果底定，輸的一方總是遵守約定，乖乖地讓出七彩原，所以兩族的相處還算和諧。

「他帶精靈們去狩獵，現在不在，你有什麼事跟我說也是一樣。」西恩眼神不斷打量著賽加，猜不透萊斯的用意。

西恩力量強大，剛正不阿，曾爲骨族在上一次競技中贏得勝利，所以年紀雖輕，卻得到族長的極度信任與賞識，在骨族中的地位僅次於族長之下，一般事務，只得西恩同意，就等於得到族長的認同。

「我來是爲了競技的事。」

「萊斯，你們羌族是輸傻了嗎？找個異族精靈來討論競技的事，是要直接放棄競技，把七彩原讓給我們嗎？」

「當然不是，我們只是希望能共享七彩原，然後在七彩原的食物消耗殆盡之前，能想出一個兩全其美的解決之道。」萊斯對西恩的嘲笑不以爲意，淡淡地說道。

「不可能，若能解決早就解決了，又何必拖到現在，你們是不是擔心這次競技再輸，就會沒有食物，所以才想出這個緩兵之計。」

「有了賽加的幫忙，就可能爲我們帶來新的希望，難道你想永遠待在這裡爲食物煩惱嗎？」萊斯義正詞嚴地說著，希望藉此能打動西恩。

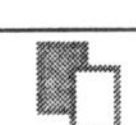

「一個小毛頭，能幫什麼忙，讓他回家吃奶還差不多。」

西恩不屑地看著賽加，一副不可一世的模樣，倨傲的語氣，讓賽加不禁惱怒起來。

「你別小看賽加，有了他的幫忙，我們一定會在競技上獲勝，但是我們還是願意與你們共享七彩原，因此才來找你們討論這件事。」萊斯按住賽加，依然氣定神閒，不急不徐地說著。

「憑他，別笑死我了。不過你既然這麼說，只要他能挨我一次攻擊，沒有丟掉小命的話，我再考慮看看。」西恩打從心底瞧不起賽加，不由得狂笑不已，更誇下海口，要一擊就讓賽加丟盔棄甲、落荒而逃。

「你覺得如何？」

萊斯轉頭望向賽加，雖然知道賽加有不凡的能力，但心中也沒有十足的把握。

「你千萬要使用全力，不然會後悔喔！」賽加毫不猶豫地點點頭，語氣堅定。

看到賽加眼中的光芒，想是信心十足，萊斯這才吃下定心丸。

西恩對賽加的狂妄十分惱怒，『一個毛頭小子，竟不把我放在眼裡』，這對受到骨族精靈崇敬的西恩是何等屈辱，結起手印，唸著疾雷咒，決心要讓賽加這小子吃點苦頭。

疾電之靈，閃光無殛，來去無蹤，曠野焚兮，摩耶加多密。

瞬間風雲變色，草木含悲，空中烏雲盤踞，層層疊疊、錯綜複雜，交織著無數道閃光。唸完咒語，見賽加毫無準備，彷彿對自己的攻擊視若無睹，心中怒火燒得更旺。

「賽加，注意了。」

隨著西恩的手勢，一道氣勢磅礡、挾著破空之音的閃電，朝賽加的頭頂直劈而下。

萊斯見西恩傾盡全力的一擊，不由得暗暗吃驚。『西恩的力量竟有這麼強大，看樣子他對競技勢在必得，不知賽加能否擋下這一擊。』

「氣勢很強，但是力量太弱，虛有其表。」賽加看閃電來勢洶洶，不但毫無懼色，更將它批評得一無是處。

剎那間，數道電光自賽加四週開始凝聚，形成一條靈動活現的電龍，張大了口，直迎破空而來的電擊。

西恩的閃電和賽加的電龍相較，氣勢就已經輸了一大截。

閃電硬拚電龍，彷彿是將消防水柱噴向海嘯一般，瞬間消失無蹤，電龍直衝上天際，將西恩所凝聚的雲層沖散，使天空重新綻放光亮。

賽加有意使用與西恩屬性相同的魔法，而不以各種魔法相生相剋的原理取勝，就是為了讓西恩一次輸得心服口服。

萊斯見結果分曉，賽加以絕對優勢的力量取勝，直拍手叫好。

『怎麼可能有這種力量，而且和我一樣是電系屬性，罷了。』西恩膽顫心驚，說不出話來，一旁圍觀的骨族精靈個個瞠目結舌，啞口無言。

「你的力量確實超乎我的想像，我輸得心服口服，甘拜下風。」

西恩呆了半晌後，豪爽的笑了起來，眼前的毛頭小子，雖然不起眼，但力量之大、用法之巧，已然令西恩心悅臣服。

「那競技的事，就這麼決定了，此後，七彩原就由兩族共享。你應該沒有其他異議吧！」

「這是目前暫時應急的方式，我一定會帶你們離開這裡，遷到一個食物豐沛的地方，希望你能相信我。」賽加技壓西恩，卻絲毫不見傲慢姿態，仍是一貫天真善良。

「我可以同意兩族共享，但是還是要由族長來做決定，我也希望能離開這裡，但是其他精靈對我族成見過深，恐怕你的好意我們只有心領了。」

「不會的，歐利曾向大長老會議建議，讓你們遷到食物豐沛的地方，只是柯特和少數大長老反對，所以只要歐利出面，這件事一定可以成功。」

「不如先到我家，我們再詳談。」

眾精靈一聽有機會可以遷出山區，無不手舞足蹈，歡聲雷動。

「西恩，聽說前一陣子擅自攻擊大船的精靈們還被關著，能不能把他們放出來。」賽加突然想到當初骨族精靈襲擊，讓自己因緣際會學到魔法的事。

「不行，他們違反規定，擅自攻擊其他精靈，何況還害死了一個小孩，這是他們應受的處罰。」西恩堅定地回絕。

「老實說吧，他們攻擊的就是我父親的船，我就是那個掉到水裡的小孩，他們並沒有害死任何精靈。事情過了就算了，他們也接受了該有的處罰，就放他們出來吧！」

西恩和萊斯驚異地看著賽加，掉入金石峽的暗流中，不但沒被鋒利漩渦絞碎，還能全身而退，平安歸來，簡直不可思議。

「既是如此，我就放他們出來。」

西恩命左右前去放出他們，就帶著賽加和萊斯回到自己家中。相談之中，萊斯將賽

加在桑特西斯城的遭遇說了一遍，西恩聽完馬上站了起來，兩眼睜得老大，難以置信這種事竟會發生在大長老會議。

「走，我馬上帶你到桑特西斯把他們救出來。」西恩拉著賽加，就要往外衝。

「你這麼衝動做什麼，要救的話，賽加自己不會救嗎？你還是賽加的手下敗將，什麼時候輪到你出面。賽加是不想傷及無辜，所以才沒有直接到桑特西斯救他們，我們需要的是一個完整的計劃，像你這樣莽撞，只會壞了大事。」

「那怎麼辦，能幫我們的歐利現在被關在地窟中，那我們不是沒希望了。」

「不會沒希望，我有個建議，不知道你意下如何？」

「說來聽聽。」

「我建議把兩族合一，並推舉賽加作爲族長，賽加或許年紀還小，但有能者爲之，況且我相信賽加未來將會有一番不世成就，你覺得如何？」

「這牽涉太廣，何況就算我答應了，兩族族長還未必會答應。」

西恩雖然地位崇高，但兩族合併的滋事體大，沒有族長的允許，西恩仍不敢擅作決定。

「只要你點頭，我自有辦法說服他們，何況這對兩族都有好處。」萊斯一副胸有成竹的模樣，深沉的城府，直叫人摸不著頭緒。

「我不是你們族人，年紀又這麼輕，不適合的。」賽加受寵若驚，不住地婉拒。

「你正是最適合的，第一你非我族，最不會引起爭議，有偏袒任何一方的嫌疑。第二，你的魔法力量有目共睹，大家一定會相信你有能力帶我們離開這個地方。第三，你從金石峽的暗流中平安歸來，只要目睹你掉到漩渦中的精靈來幫你宣傳，兩族精靈都一定會把你當成神蹟。這樣還怕精靈們不信服嗎?」

「好，就這麼決定，希望賽加能有朝一日帶領兩族精靈離開這個地方。讓兩族免除戰爭與飢荒之苦。」

「我一定會幫你們，但也沒有必要讓我當族長吧！」賽加從沒想過會擔此重責，依然不斷推辭。

「若非你當族長，有誰能讓兩族精靈同時信服，如果你真的要幫我們，就別再推辭。」

「是啊!你就答應了吧！」

在萊斯和西恩不斷勸說之下，賽加心中雖然百般不願，卻也無可奈何的接受。

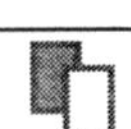

「西恩，就請你讓那幾個攻擊大船的精靈，在兩族之中大肆宣揚賽加的傳說。其他的我自會開始著手進行。」

賽加答應後，萊斯立即開始著手分配任務，分配好各自的任務之後，萊斯就帶著賽加回到羌族，安頓好賽加之後，萊斯才回到家中，見到莫比，立即宣揚賽加的功績。

「爸，今天多虧了賽加的力量，骨族已經同意共享七彩原，我們可以擇日到骨族和他們商議其中的細節問題。」

莫比聽到這個消息，自是喜出望外，雖然不是長久之計，但糧食問題總算得到短暫的解決，比起輸掉競技，全族忍受飢荒，已經好太多了。

賽加的傳說慢慢的在兩族之中傳開，尤其是親眼目睹賽加以絕對力量打敗西恩的精靈，對賽加更是推崇備至、敬愛有加。傳說不但有渲染作用，而且還具備滾雪球效果，幾天下來，賽加的名聲在兩族已經如日中天、家喻戶曉，兩族精靈們個個都以一睹賽加的尊容為榮。

萊斯見時機已成熟，遂帶著莫比前往骨族，骨族族長希諾和西恩親自出來迎接，四個精靈在希諾家中展開會談。

萊斯站了起來，首先開口打破沉默。萊斯雖然輩份不大，其聰明才智卻爲兩族精靈所公認，因此才有資格在會議中發表意見。

「現在兩族已經決定共享七彩原，但是據我預估，不出兩年就會把食物消耗殆盡。」

「沒錯，所以我和莫比當初決定才會用競技的方式來決定七彩原的使用權，爲的也就是防止這種情形發生。」希諾同意地點點頭。

萊斯在眾精靈之間來回走動，信心滿滿，神色自若，任誰也猜不透他心中真正的想法。

「我有一個好方法，可以徹底解決兩族的糧食問題，不知你們可有興趣一聽？」

怎麼從沒聽萊斯提起過？莫比對萊斯連自己父親都隱瞞的作法相當不滿，語氣顯得有些不悅，兩眼更直盯著萊斯這個兔崽子不放。「喔，你有好方法，怎麼沒聽你提過？」

「願聞其詳。」

萊斯環顧四週，直到所有的眼光全落到自己身上，才不急不徐地開口，語調中庸平和。「最好的方法就是兩族合併。」

莫比往椅子扶手用力一拍，生氣的站了起來。「開什麼玩笑。」

也難怪莫比如此憤怒，萊斯不但沒有和自己商量，更在這麼重要的場合，提出這麼勁爆的問題。兩族合併是何等大事，兩位族長竟然被蒙在鼓裡，事先毫不知情，因此萊斯的話一出口，馬上引來一陣騷動。

希諾不但沒有發怒，反而笑了起來。「我還以爲是什麼好主意，原來是兩族合併，你開玩笑也要有個限度，就算合併兩族，也必須要解決幾個問題，第一，由哪一族的精靈出任族長，另一族都會不服。第二，就算真的合併，要吃飯的精靈數目沒有改變，食物來源也沒有增加，糧食問題還是一樣沒有解決。」

兩位族長的反應早在萊斯的預料之中，因此他們的反應並沒有讓萊斯亂了陣腳。「不知兩位族長最近有沒有聽過賽加的傳聞。」

「當然有，最近他的傳聞滿天飛，誰沒聽過。」希諾和莫比異口同聲，難得他們也會有意見一致的時候。

「我相信由賽加來擔任族長，一定可以解決所有問題。」

「好，就算其他精靈會信服，但是我偏偏不服他，一個毛頭小子有什麼資格領導我。而且糧食問題他有能力解決嗎？」

「我也覺得賽加適合擔任族長，我親身體驗過他的力量，我相信整個魔法世界，絕對沒有其他精靈擁有這種力量。」這時，在一直在旁默默無語的西恩突然開口。

希諾疑惑地望向西恩，西恩一向耿直，從不出誑語，雖沒見過賽加，但西恩既然這麼讚許賽加，其力量自然不假，連自己最信任的親信，都為賽加說話，這個賽加究竟有什麼魔力，竟然可以讓兩族的第二把交椅同時為他出頭。

「兩位族長別要動怒，我推薦賽加擔任族長的原因有幾個。第一，他在兩族之中擁有最高的聲望，可以同時得到兩族精靈信服。二來，他來自異族，絕對不會偏袒任何一族的疑慮。第三，他與桑特西斯的大長老歐利交情甚篤，將來一定可以帶我們離開這裡。第四，以賽加的力量，將來大長老之位非他莫屬。到時兩位族長說不定也能成為一方之主，甚至入主大長老會議，而不用待在這個地方當個苦哈哈的族長。」

眼尖的萊斯見兩位長老神色不定，似乎在思考些什麼，馬上打鐵趁熱。

「兩位族長心胸寬闊，慈悲為懷，想必不會讓族內精靈錯失這次遠離痛苦的機會。名利權位對兩位來說，有如過眼浮雲，不足掛齒，若這次兩族能順利合併，而且成功的離開這裡，兩位族長可謂功不可沒。」

莫比雖然生性耿直易怒，但糧食問題，始終是心中的痛，羌族精靈的力量無法和骨族相提並論，今次雖得賽加協助，飢荒問題得以喘息，但總不是長久之計，萊斯的話也不無道理，只是一時之間，要莫比同意兩族合併，實在也有些困難。

若在早些日子，希諾對兩族合併的提案，必定反對到底，可以獨享七彩原，糧食雖略有不足，總還過得去，況且權力在握，怎麼說都比合併後地位不明強得多。如今殺出個賽加，若不同意兩族合併，勢必失去七彩原的資源，再加上得意的助手也倒向賽加，兩難的局面讓希諾騎虎難下、傷透腦筋。

經過一天的唇槍舌戰，萊斯總算憑著三寸不爛之舌說服了兩位族長，順利讓兩位族長答應合併。這個消息馬上傳了開來，兩族精靈莫不歡欣鼓舞，對賽加寄予重大的期望。

賽加就這麼莫名其妙的當上了羌族和骨族的領導者，這件事若是讓柯特知道，可能會活活氣死，派賽加前往執行消滅兩族的任務，原以為可以就此將兩族從歷史抹去，卻沒想到竟落得這般戲劇性收場，柯特完全料想不到。賽加當上族長之後，認為沒有必要再區分羌族和骨族，所以把這兩個名詞取消，並將兩族精靈全部遷到骨族的聚落，重新整頓。萊斯和西恩順理成章地成為賽加的左右隨侍，協助賽加統治兩族精靈。

是夜，萊斯和西恩陪同賽加走到屋外，賽加乍見一群精靈正在屋外煮著食物。

「他們在煮什麼，爲什麼不在屋內煮呢？」

屋外風大沙多，何必將食物搬到外頭煮食呢？

「這是我們骨族精靈特有的風俗，他們正在煮的是蛇肉，蛇有一種叫作蜈蚣的天敵，你也看到了，我們這裡的屋子有很多橫樑，若是在屋內煮蛇肉，香味會將蜈蚣引到橫樑上，嘴饞的蜈蚣流的口水如果滴到湯裡，會讓精靈們中毒，所以他們才會在屋外選個空曠的地方來煮蛇肉。」

『無稽之談！』萊斯對骨族的風俗，感到無聊萬分。

＊＊＊＊＊

賽加正式接任族長的當天下午，天上突然飛來一隻巨龍，在空中盤旋。巨龍身長數十丈，全身火紅，眼神銳利，卻不帶任何敵意。

精靈們群聚在廣場，個個惶惶不安，議論紛紛，有些精靈更索性施展魔法，攻擊這隻意圖不明的巨龍。西恩連忙跑到賽加的房裡報告。「族長，族長，外面發生了奇異的事情。」

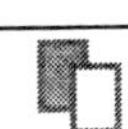

賽加正在想著如何搭救父親，被西恩的話一打擾，才回過神來。「別叫我族長，叫我賽加就好了，外面發生什麼事。」

「天空來了一隻巨大的飛龍，上面好像還載了幾個精靈，不知道是不是桑特西斯城派來的。現在外頭亂成一團，請族長趕快過去看看。」

賽加聞言，馬上隨西恩趕到外面，心中躊躇不安。『是桑特西斯派來的嗎？是不是柯特已經知道我沒有完成任務，那可怎麼辦才好？』

到屋外站定，只見幾個精靈正施展魔法，攻擊天空的飛龍，但是飛龍對精靈們的攻擊彷彿不痛不癢，兀自在天空盤旋著，似在等待些什麼。

賽加認出坐在飛龍背上的精靈，就是父親、比思克等精靈，立即喝令精靈們住手，對著飛龍叫道：「豆兒，你快下來。」

豆兒聽到熟悉的聲音，知道主人就在底下，興奮的飛了下來。

眾精靈見賽加竟有能力驅使天上的飛龍，心中對賽加更是尊敬。

賽加、萊斯和西恩迎了上去，滿心歡喜的賽加看到豆兒背上，一時驚慌失措，原本滿是微笑的臉上出現詫異的表情。

豆兒背上的精靈們情況只能用慘不忍睹形容，比思克抱著愛琳的屍體嚎啕大哭，歐利和肯特已經奄奄一息，其他精靈像經過世界大戰似的，個個身負重傷。

精靈們七手八腳地把受傷的精靈抬到賽加房裡，悉心照料，比思克雖然已呈現半昏迷狀態，還是緊抱著愛琳的屍體，不肯放手，下意識地喃喃自語。

「該死的柯特，我一定要報仇。」

忙了半天，終於把所有受傷的精靈安置妥當，比思克不忍將愛琳葬在山上這個荒涼地域，在兩族精靈的協助下，在亞西斯山腳，找了一個風光秀麗的地方，讓愛琳入土為安。

若不是在柯特面前展現魔法，或許這一切都不會發生，賽加無比自責與內疚。若可以重新選擇，賽加會決定用力量與柯特正面對抗，不會再如此懦弱，三心兩意，只是現在後悔已經來不及了。

「桑特西斯城到底是發生了什麼事？怎麼會變成這個樣子。」

比思克低著頭，沉默不語，發生了這麼多事，比思克對生命已經意興闌珊，生存的價值究竟是什麼，比思克真的不明白，也不想再明白，心中唯一的念頭，就是找柯特報

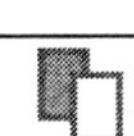

仇，只是柯特大權在握，勢力龐大，只怕這個心願要伴自己終老，無疾而終。

賽加見比思克不吭聲，也不好再說什麼，只是默默陪在他身旁。

「比思克，我們和柯特也有不共戴天之仇，大家可以說是同仇敵愾，你不想說就不要說，我們絕對不會勉強你，但這個仇，我們就算付出再大的代價，也會幫你報的。」萊斯不但會察言觀色，更擅於用同理心打動對方，雖然不認識比思克，說的話卻句句深植比思克內心。

「謝謝你。」比思克抬起頭看著萊斯，心中感激莫名。

賽加很少聽到比思克說謝謝兩個字，不得不由衷佩服萊斯的口才。

原來賽加離開桑特西斯後不久，被關在地窟中的精靈，開始接二連三發生身體不適的狀況，體溫變高、出血、哮鳴、呼吸衰竭，最後終於陸續死亡，精靈們求救無門，只能在絕望中等待死神來臨。

豆兒用盡全身力量，阻止瘟疫漫延，才使得瘟疫不再傳染給其他關在地窟中的精靈，後來幾個衛士趁著桑特西斯城發生瘟疫，全城陷入一片恐慌之際，將歐利等精靈偷偷放出來。屋漏偏逢連夜雨，歐利等精靈到了地窟外，碰巧遇見柯特，數百名衛士在柯特的指揮下圍了上來。爲了阻止瘟疫而力量用盡的豆兒，沒有能力保護精靈們，連番苦戰使得精靈們死的死、傷的傷，連愛琳也無辜受害，這場惡戰，讓豆兒有充裕的時間恢復力量，最後靠著豆兒恢復不多的力量，精靈們才能順利逃出來。

『逃出來又有什麼用，愛琳已經死了，再也活不過來了。』想到這裡，比思克不禁傷心地哭了起來。

＊＊＊＊＊

一個月後，精靈們在賽加和兩族精靈的看護下，已經完全復原了。個把月的相處，精靈們都了解兩族精靈並不像傳聞那般兇惡，甚至比某些精靈更和善，也了解兩族精靈的處境。

歐利不忍心讓善良的兩族精靈繼續留在亞西斯山受苦，向肯特提議說：「這樣吧！一時要其他精靈接受他們也有些困難，不如把他們遷到月湖村和聖井村之間的草原，那兒離加帕爾湖近，食物應該不虞匱乏。」

「萬一桑特西斯又派軍隊來犯，是不是會影響到兩村的精靈。」肯特何嘗不願意幫助兩族精靈，只是現實是否允許他們這麼做，還是個大問號。

「桑特西斯若敢派軍隊來，就讓他們有來無回。」比思克的心已被復仇的怒火淹沒，說起話來也格外衝動。

「真正的罪魁禍首是柯特，其他精靈是無辜的，別怪他們。」賽加拍拍比思克肩頭，兩個精靈從小一起長大，看到比思克變成這樣，賽加心下難受，卻不明如何是好。「無妨，我會先在週圍設下結界，桑特西斯的軍隊進不來的。」

近千名精靈在肯特帶領下，浩浩盪盪地向月湖村出發，兩族精靈終於可以如願以償地離開荒蕪之地，個個莫不欣喜若狂，全族歡聲雷動，隊伍綿延數里，煞是壯觀。

這段旅程中，賽加一有時間就教導精靈們使用魔法，向他們講解魔法的原理，兩族精靈本身就能使用魔法，但對自己與生俱來的本能，一點道理都不懂，經賽加教導後，學來得心應手，其他精靈就沒那麼容易，當他們到達目的地後，有些精靈仍然連魔法入門要領都搞不清楚。

長途跋涉，來到新的定居地，賽加將所有精靈集合起來，看著眼前這些恍如新生的精靈，心中油然昇起陣陣感慨，原來世界和自己想像落差甚遠，從前看來美好的事物，如今重新溫習，又是一番新的體悟。

「從今天起，這裡就是你們的新家，我會在週圍佈下結界，只要心懷惡意的精靈將再也無法進到這裡，但是，你們也不能傷害其他精靈的性命，和一般的精靈和平相處，這是我唯一的要求。」

賽加宣佈完後，在週圍佈下結界，就和萊斯、西恩、莫比、希諾等精靈告別，依戀之情，溢於言表，言詞中不禁帶著幾許唏噓。「我已經離家太久，而且發生了這麼多事，我該回家了，你們在這裡，應該可以過得很好。」

「你真的要走嗎？乾脆你搬到這裡，繼續當我們的族長。」

「是啊！若不是你，我實在不知道能為我族精靈做些什麼。」

「回去看看你的故鄉，我們隨時都歡迎你回來，你永遠是我們的族長。」

「請你們好好幫我照顧比思克。」

失去愛琳，比思克彷彿失去了生命的動力，對一切事物都不再感興趣，也不想再見到其他精靈，寧可留在兩族精靈部落好好靜一靜。

賽加和肯特一道回到月湖村，經過這一連串事端，年輕的賽加明白了世間之事，原來都是相對的，有善就有惡，有圓就有缺。一味地逃避，只會讓事情變得不可收拾，還不如勇敢面對，承受命運中早已註定的責任。

送走賽加之後，萊斯和西恩開始忙碌，一切從零開始，讓每個精靈都變得有希望，彷彿得到了新的生命。

兩族精靈大舉遷移的消息傳得很快，精靈們再也不敢接這月湖村和聖井村，有些甚至遷離自己的家，只為躲避殘暴的兩族精靈。

桑特西斯因為瘟疫而元氣大傷，雖然暫時無法再派軍隊前來圍剿，然而隨著日子一天天的過去，好戰的桑特西斯偶爾還是會派軍隊前來，但均被結界所阻，無功而返，所幸不再有精靈因戰爭而傷亡。

＊＊＊＊＊

不覺間已過千年，兩族精靈一直堅守著賽加的叮囑，不曾傷害過附近的精靈，有些精靈甚至在狩獵時遇到危險，被兩族精靈搭救過，久而久之，精靈們也就不再對兩族精靈懷著恐懼之心。兩族精靈強大的魔法力量，讓他們不論在狩獵或是耕種，都比一般精靈佔優勢，因此只要村裡有多的食物，他們也會不忘敦親睦鄰一番，送些到鄰近村落。附近的精靈為了方便起見，都管這個住著兩族精靈的部落叫聖月村，一個在聖井村和月湖村之間的奇異村落。也不再覺得聖月村的精靈和一般的精靈有人什麼不同，除了強大的魔法及奇怪的膚色。

賽加轉眼已脫稚氣，長成一個高大威武的壯年精靈，在這段期間，賽加經常回到聖月村，探望比思克，有了豆兒，賽加就不會再爲路途遙遠所苦，偶爾豆兒會耍耍小脾氣，爲了芝麻小事氣得鼓脹了臉，硬是不理會賽加，然而賽加可不吃這一套，從風系魔法衍生而出的『飛行魔法』，御風而行的速度絕不輸豆兒。

經歷過戰爭帶來的傷亡，賽加更加珍惜生命的可貴，並開始研究創造性、保護性和回復性魔法，希望能爲精靈們帶來更好的生活。賽加的名聲在魔法世界中越傳越遠，慕名而來向賽加學習魔法的精靈絡繹不絕，一傳十、十傳百，傳遍整個魔法世界，使得魔法開枝散葉，並衍生出各種不同的魔法。

賽加曾回到孤島尋找萊普托斯，卻始終見不到萊普托斯，只有他遺留在桌上的一本書和一封信。

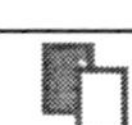

這本生命魔法書，裡面記載著最神秘的生命魔法，我一直希望在羽化前能了解它的內容，但是我的資質不夠，始終無法參透，你是我見過的精靈之中，魔法資質最高的精靈，現在我將書留給你，希望以你的資質能參透它的內容，它將是挽救魔法世界唯一的途徑，你要善加利用這本書。

萊普托斯

生命魔法書裡面一個字都沒有，賽加不斷的想在書中尋求一點蜘絲馬跡，千年過去，幾乎要把書給翻爛了，仍毫無所獲，一點頭緒也沒有。

賽加收的眾多學生之中，除了萊斯和西恩之外，最爲出色莫過於加爾和布魯斯。加爾來自伊斯特郡，因爲全家都於瘟疫中喪生，失去依靠的加爾，不畏路遙艱困，獨自越過千山萬水，經過年餘的旅程，才來到月湖村。賽加見他身世可憐，不但讓他住在比思克故居，更悉心教導，多年下來，已有大成。布魯斯和萊斯同是羌族精靈，跟隨賽加學習魔法有成後，一直待在萊斯身旁，協助萊斯處理一般事務。

比思克獨自住在聖月村一間簡陋的石屋裡，整天只是待在房內，甚少與其他精靈來往，沒有精靈知道比思克到底在做些什麼，只有萊斯時時到比思克住處，為比思克送食物。萊斯對比思克的知識非常感興趣，比思克對萊斯的聰明才智也相當佩服，兩個精靈無所不談，惺惺相惜，成為莫逆之交。

千年漫長歲月中，魔法世界地理版圖發生了極大變異，南方的薩斯城與西方的威斯特城因不滿長期被桑特西斯壓榨，挾著地利的優勢，遂聯合附近所有部落，脫離桑特西斯控制，在月湖村和聖月村附近大興土木，建立一座新的城市——希望之星，另組大長老會議，並推舉聲望如日中天的賽加為首任大長老，萊斯、西恩、加爾等也分別在大長老會議中佔有要職，在賽加無為而治的領導下，精靈們個個安居樂業，生活無憂無慮。

此後以希望之星為權利中心的新國度，正式在魔法世界中掘起。

桑特西斯在柯特的主導之下，廢除了大長老會議，由柯特獨掌大權，專橫暴戾更勝從前，為了鞏固自己的權利，柯特建立了一支全新的軍隊，這支軍隊選自各部族中魔法力量最強的精靈，經過洗腦後，成為一支百分之百效忠的軍隊，除了抗衡希望之星外，更是鎮壓動亂、剷除異己的利器。

桑特西斯雖然在軍隊的數目上佔有絕對優勢，但礙於賽加不可思議的力量及聲望，

始終對其忍讓三分，不敢貿然對希望之星用兵，兩大帝國從此在魔法世界中分庭抗禮。

瘟疫的問題始終困擾著精靈們，數千年下來，精靈的數目已經剩下原來的三分之一，所有的精靈都對這個從天而降的災難束手無策，各種疾病也紛紛出現，再加上柯特的專橫自大，爲所欲爲，讓整個桑特西斯的精靈們苦不堪言。

第7章 權力鬥爭・驅逐賽加

一旦過貫和平的日子，純樸的心就會慢慢偏離正軌，希望之星千年的寧靜，也開始有所改變，烽煙即將漫天飛揚。

這日，萊斯像往常一樣，爲比思克送來食物，不同的是，這天之後，魔法世界將發生巨大變異。

「比思克，又做些什麼？」萊斯將食物置於桌上，一如往昔地和比思克閒話家常。

「多虧了你替我製造的光鋖魔鏡，讓我在研究上有更新的突破。」比思克放下手邊的研究，吃著萊斯送來的食物，嘴裡的食物還來不及嚥下，就迫不及待地說起話來。「其實瘟疫都是一些我們看不見的微小生物所造成，我針對造成各種瘟疫的微生物作深入的研究後，已經能有效治療及控制這些瘟疫。」

「你打算怎麼做？」

「我才不管其他精靈的死活，我做這些純粹是興趣。所以我打算毀掉目前所有的研究，因爲我找到更有趣的東西。」

自從愛琳死於桑特西斯後，比思克就對精靈們恨之入骨，當然賽加等曾同甘共苦的精靈不在此列之內。

「什麼東西？」

「生命的奧秘，一種能夠控制生命的物質。」

「生命的奧秘？能不能說來聽聽？」

比思克帶著萊斯到地下研究室裡，這裡是比思克千年來唯一消磨時間的地方。透過光鏤魔鏡，萊斯看到一大堆呈雙股螺旋狀排列的東西，難捨難分地互相糾結。這樣的東西和生命的奧秘會有什麼關係，萊斯不懂，但比思克這麼說，一定有其道理。

「這究竟是什麼東西？憑這個就能控制生命？」

「這個東西是一種遺傳物質，透過這種物質，可以改變各種生物的性狀……」比思克耐心將DNA如何轉錄成RNA，再轉譯爲蛋白質，蛋白質在生物體內所扮演的角色，及衍生出的各種生物特性，仔仔細細地向萊斯說明。

萊斯雖然不是聽得很明白，但心情卻異常興奮，眼神更出現閃爍不定的光芒。

「比思克，你報仇的機會來了。」

愛琳死後，比思克一心就只想報仇，奈何勢單力薄，又沒有強大的魔法，故始終無法如願以償，悲憤的比思克只能埋首於研究中，發洩心中怨氣。

「什麼機會，說來聽聽。」萊斯的話，又讓比思克燃起了內心最渴望的執著，報仇的慾念再度翻騰不已。

萊斯雙手揹在背後，兩眼飄忽不定，慢條斯理地分析：「你想想看，現在精靈們都爲瘟疫所苦，若你能爲精靈們解決瘟疫的問題，一定能成入主大長老會議。」

「那一點意義也沒有，根本也報不了仇，何況有誰會相信我的研究可以解決瘟疫問題。」

「只要請賽加來看你的研究，透過他代替你向精靈們公布，以他的聲望，哪會有精靈不相信。到時精靈們爲了感謝你的功績，一定會擁戴你當大長老，等你當上大長老之後，我們再略施小計，把賽加趕出大長老會議，就能獨掌大局，報仇就有希望了。」

比思克和賽加從小一起長大，壓根沒想過要利用賽加，矛盾的掙扎了半天，萊斯更在一旁加油添醋。

「整個魔法世界，相信只有我最了解你，我知道你爲了報仇，已經隱忍了千年，若是再錯失這個機會，恐怕此生都報仇無望了，你應該能懂其中的利害關係。」

『**報仇！報仇！**』這個聲音，不斷在比思克腦中迴響，萊斯的話加上腦中的聲音，持續衝擊著比思克的理智。賽加過去對比思克的種種恩情，比思克一直銘感於心，友情與報仇慾念在比思克腦中交戰，讓比思克頭痛欲裂，抱著頭滾在地上哀號，「我好痛苦，不要再逼我。」

萊斯在一旁冷眼旁觀，最後關頭怎能功虧一簣，再度祭出拿手絕活。

「若你沒有把握住這個機會，愛琳九泉有知，一定不會原諒你，你對得起愛琳嗎？」慢慢地，比思克終於靜了下來，動也不動地伏在地上，萊斯不知道自己的煽動是否有效，只能靜靜地待在一旁。

良久，比思克才緩緩從地上爬起來，眼中散發著冷漠的神情，這個眼神不但毫無感情，更像是斷絕七情六慾的野獸。

萊斯見比思克的眼神，滿意地點了點頭，似乎很得意自己剛才的作爲。「決定報仇了，那就按照我們的計劃進行。」

「你有想過，還有一個問題嗎？」

「這的確是個大問題，若是以前，憑骨族和羌族就足以消滅桑特西斯，現在桑特西斯的魔法軍隊，的確是一大阻礙。」

比思克和萊斯之間，不再像朋友般有事說分明，似在刻意地比較彼此智慧的高低，每句話都故意試探著對方。比思克轉變之大，連萊斯也料想不到，原以爲可以就此控制比思克，利用比思克的研究完成自己的野心，現在反而處處被比思克鉗制，意料之外的結果，讓萊斯滿心不是滋味。

「無妨，等我下一步的研究成功之後，桑特西斯的魔法軍隊就不足爲懼了。」比思克語氣冰冷無情，似乎天下間任何事物都再也動搖不了他的心。

萊斯不懂比思克的葫蘆裡賣的是什麼藥，但見比思克胸有成竹，也不好再問什麼。

翌日，萊斯依計行事，命布魯斯將比思克的邀請涵送到賽加手上。賽加難得受到比思克邀請，即刻動身前往聖月村。

賽加和比思克已經好一陣子沒有見面，老朋友見面自然是份外欣喜，賽加熱情地擁抱比思克，喜悅之情盡寫在臉上。

比思克也報以熱情回應，虛僞作假一番後，正事還是得做。

「今天找你的主要目的，是要讓你看看我的研究成果，我已經找出防治瘟疫的方法，只要能照我的方法做，瘟疫一定會變成歷史名詞。」

「真的嗎?如果你能解決瘟疫的問題，我想所有的精靈都會感謝你。」瘟疫已經困擾魔法世界千年有餘，千年來仍對瘟疫一無所知，只知道會相互傳播，精靈們對面著毫無來由的疫病，仍苦無對策，一聽到比思克這麼說，賽加喜出望外。

「他們感不感激我無所謂，我只想爲精靈們做些事，過去我被仇恨蒙蔽得太久，現在我想通了，所以才想替精靈們解決這個千年無解的難題。」

比思克知曉大義令賽加感動不已，賽加最高興莫過於比思克已經走出仇恨的陰霾，不再將自己封鎖在仇恨的世界，忍不住激動地緊握比思克的手。

「你能放下以前的恩怨，我覺得很開心，更爲你感到驕傲。」

比思克淡然一笑，將賽加帶到研究室裡，向賽加一一介紹自己的發現。透過光鋑魔鏡，賽加清楚地看到各種不同的微生物。

「你看這些就是造成瘟疫的元兇，平常你是看不到他們的，這個光鋑魔鏡可以把他們放大，所以你才能看得到這些微生物。」

「就是這些小東西?」賽加從沒想過，瘟疫的元兇，竟然是微小到眼睛看不到的生物，更不知道這些微生物是來自人類世界，而且其中還隱含著一個極大的陰謀。

「最左邊的是炭疽桿菌，可以使用抗生素治療，而且也有疫苗可以用，分別在零週、二週及四週，六個月、十二個月、十八個月時連續接種，以後每年要接種一次，但是要記得若已經感染過或是對疫苗過敏的精靈就不能使用，只能以抗生素治療。」

抗生素、疫苗，賽加聽都沒聽過，當然不懂比思克說的究竟是什麼東西。

「抗生素和疫苗是什麼，要怎麼用。」

這些自己發明的東西，賽加怎麼會懂，連忙解釋道：「抗生素是一種治療細菌感染的藥物，不同的抗生素可以經由不同的途徑殺死細菌，達到治療的效果。疫苗是從細菌和病毒中，具抗原效果的成份提煉而成，可以增加精靈對細菌或病毒的抵抗力，使精靈免受感染。」

賽加聽得津津有味，雖然不是很懂，倒也興緻盎然，並將比思克所說的一一牢記在心，深怕有所遺缺，誤了拯救陷於瘟疫痛苦精靈們的重責大任。

「炭疽桿菌一般以孢子形態存在土中，而且生命力很強，不過使用漂白水和甲醛就可以殺死炭疽桿菌孢子，因此，若是發現精靈被感染或是可疑的東西，一定要將附近徹底消毒。」

「第二個是肉毒桿菌，以毒素造成精靈生病，細菌本身倒是比較沒什麼，加熱八十五度，十五分鐘就能破壞毒素，氯化處理也可以讓毒素慢慢衰退，估計大約兩天就可以讓毒素失去活性。事先可以施打抗毒疫苗來預防中毒，中毒的精靈也可以使用抗毒血清。若是發現可能污染的東西，一定要加熱或氯化處理後才能丟棄。」

「第三個是鼠疫桿菌，鏈黴素、四環素、氯黴素、健大黴素等抗生素對它都很有效，一旦發生鼠疫桿菌感染，最好能在二十四小時內治療，尤其是鼠疫肺炎，拖延超過二十四小時很可能就會致命。」

「鼠疫是藉由鼠類身上的跳蚤傳播，所以最有效的預防方式就是消滅鼠類及跳蚤，另外，熱、過氯酸和日照也都能使鼠疫桿菌失去致病力。」

「第四種是天花，它是病毒，所以比前面三種看來小得多，這種疾病只要施打牛痘疫苗就可以得到很好的預防效果，理論上，只要打過一次疫苗，就可以永久預防天花病毒的感染。」

「第五種是登革熱病毒，預防的疫苗目前還沒有發展出來，因此現在只能作支持療法，讓生病的精靈能安然渡過危險期。此病是由蚊子叮咬傳播，所以要儘量避免製造適合蚊子孳生的環境，才能有效防範登革熱。」

「第六種是漢他病毒，和登革病熱毒一樣，還沒有疫苗可以使用，不過漢他病毒是經由鼠類傳播，所以最好的方法就是消滅這些鼠類來切斷感染源，對不幸感染的精靈採取支持性及對症療法。」

聽了這麼多，賽加雖然記得有些吃力，但仍然努力的一一記下。

「這些微生物這麼小，我如何知道精靈感染的哪一種瘟疫？」

比思克親切地笑了笑，拿出一塊透明無瑕的菱形水晶，交到賽加手上。

「你只要取一滴受感染精靈的血液，滴到水晶中央的凹槽，就可以依據水晶的顏色變化來判定是何種病菌感染。我另外會再訓練一批精靈，讓他們具備治療的能力，協助你消滅魔法世界的瘟疫。」

這些來自人類世界的病菌，怎麼也沒想到，竟然會栽在一個名不見經傳的精靈手上。若是留在人類世界，或許尚有一點生存的空間，來到魔法世界，風光了一段時間，卻要遭到亡族滅種的命運，這是牠們當初始料未及的結果，若他們知道自己竟然只是亞米契斯的卒子，又會作何感想，相較之下，愛滋病毒就比牠們聰明多了。

比思克的研究爲魔法世界解決了困擾精靈數千年的瘟疫，更讓精靈們免除了疾病的痛苦，貢獻之大，與賽加相比有過之而無不及，精靈們爲了感謝比思克，推選比思克爲大長老之一，與賽加共同治理希望之星。

爲了滿足比思克的願望，精靈們於亞西斯山山腳下，愛琳的墓旁建了一座屬於比思克的城堡，城堡內有相當多的場地及設備可供比思克作研究之用，萊斯更召集數百名精靈到這個城堡，供比思克差遣，自己也隨侍在旁，當起了城堡的總管。到此，比思克和萊斯的計劃，總算完成了第一步。爲了要完全掌握希望之星，比思克將所有重責大任交由萊斯負責，因爲比思克對萊斯的能力完全信任。

比思克自己則埋首於DNA的研究，希望藉由DNA的重組，創造新的生命體，一種足以消滅桑特西斯的新生命體。爲了不讓其他精靈起疑，比思克也做了許多造福精靈的研究，例如生長更快速，且不畏惡劣環境的農作物，讓精靈們的糧食來源不虞匱乏等等，取得了希望之星所有精靈的絕對信任。

研究之餘，比思克最常去的地方就是愛琳的墓旁，比思克一直爲路途遙遠無法前來拜祭而自責不已，現在將城堡建在墓旁，爲的就是可以經常來這裡陪伴愛琳。比思克常常獨自在墓前坐上一天一夜，回憶著前往桑特西斯城途中那段快樂旅程的點點滴滴。

手挽著手觀賞落日餘暉……。

她輕輕唱歌，他默默聽著……。

移動島噴泉美景，她興奮地拍手叫好……。

骨族精靈來襲，大難不死，相擁而泣……。

黑暗地窟，同甘共苦……。

廣場混戰，她用身體爲他擋下致命一擊……。

那是比思克一生中最快樂也最痛苦的日子，更是比思克唯一的精神支柱。

這天，萊斯來到比思克的研究室中，見比思克正聚精會神的做著研究，靜靜地站在一旁，直到比思克研究到一個段落，才敢開口說話。

「現在我打算要進行下一步了。」

「說吧！需要什麼？」

「還是你最了解我心裡在想什麼，我們必須要能掌握所有精靈的動向，才能正確無誤的實行計劃。」

「你是想要進行全面性監視，你有什麼具體的方法，說來聽聽。」

「我想在蝙蝠的身上裝置魔法微晶片，讓這些蝙蝠監視精靈們，再透過我的光晶球，就能了解精靈們的一舉一動，這麼一來，任何風吹草動都逃不出我們的掌握，計劃實行起來，成功的機會也就大得多了。」萊斯說著，還不時注意比思克的表情。

萊斯表面上對比思克言聽計從，私下卻是戒慎恐懼，他知道自從比思克的性格轉變之後，自己和他之間，早已經不是朋友，而是相互利用的關係，稍有一點差池，恐怕一切計劃都要淪爲泡影。

比思克沒有說話。萊斯得到了比思克的默許，便放手去做，要在數千萬隻蝙蝠的身上裝置魔法微晶片，這不是件小工程，萊斯花了數個月的時間，才終告完成。此後，整個魔法世界的一切，都盡在比思克和萊斯的掌握之中。

比思克爲了要研究全新的生命體，從各地捕來各種兇禽猛獸，將牠們的基因結合改造，但始終都沒有辦法創出一種令自己滿意的生命體。隨著比思克DNA改造實驗的進行，魔法世界中出現了許多新的怪物，這些新怪物的出現，破壞了魔法世界原來的生物鍵結，更有許多物種因此而絕跡。

多數精靈對魔法世界的轉變仍懵然不知，只有少數具遠見的精靈，警覺到事態的嚴重性，紛紛聚集到賽加家中，共同討論應對之計。經過一番討論之後，他們均將元兇指向比思克，賽加雖然不願相信，但爲了平服精靈們的憂慮，也不得不到比思克的城堡一趟。

賽加和精靈們討論的一切內容，比思克和萊斯了然於胸，也想好了應對的方法。

當賽加來到比思克的城堡外，比思克馬上滿心歡喜的前去迎接。

「賽加，好久不見，怎麼這麼久都沒來看我，我最近又有新的成果，你要不要看一看。」

賽加表情嚴肅，沈默的對待比思克的熱情，比思克早就知道賽加心裡想些什麼，還故意問道：「賽加，你今天看起來怪怪的，有什麼事嗎？」

「也沒什麼事，只是最近魔法世界好像出現了一些和你的研究有關的問題。」

賽加看著比思克滿臉關心的表情，心當場就軟化了。

「是什麼問題？」比思克狐疑地望著賽加，明知故問道。

比思克發揮一流的演技，把賽加騙得團團轉。

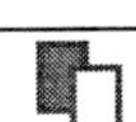

賽加猶豫了一下，也不知道該不該說，若說出來，表示自己對朋友不夠信任，但精靈們說得繪聲繪影，煞有其事，想了半天，最後還是下定決心說出來。

「你的ＤＮＡ改造好像改變了魔法世界的生態，我擔心這種情形如果繼續下去，恐怕會讓整個魔法世界滅亡。」

「放心好了，不會有問題的，不過我還是會注意一下，免得讓我的好朋友擔心。」

「這樣我就放心了，希望你能本著造福精靈的初衷做事情。」

「那當然，我們是從小到大的朋友，你應該相信我才對啊！而且我也從沒做過危害精靈的事，對不對？」

『造福精靈？哼！他們害死了愛琳，我要他們自食其果。』

本性純良的賽加，對比思克始終堅信不移，縱使現在的魔法世界出現了這麼大的改變，賽加依然相信那不是比思克造成的。

賽加離開後，比思克急召萊斯和布魯斯，一臉不耐煩。

「第二步計劃進行的如何了？我不要賽加再來煩我。」

「很快就會讓你看到滿意的成果。」

萊斯看著比思克，心中已有盤算，在比思克身旁做事，眼色要尖，要懂得看眼神做事，這一點萊斯做得絕對十全十美，畢竟這本來就是他的專長。有了萊斯的保證，比思克才滿意地點點頭，逕自回到研究室。

隔天，賽加不滿比思克的謠言已經傳得滿城風雨，由這件事就足以證明萊斯的辦事能力的確非同小可，不但迅速，而且確實，難怪比思克對他的能力絕對信任。

「聽說賽加長老昨天到比思克長老的城堡去發出警告，要他小心點，不要憑著爲精靈解決了瘟疫和疾病就自以爲是。」

「對啊，我也聽說了，賽加長老以爲自己有強大的魔法，就可以掌握一切。」

「這也難怪，本來是賽加長老獨掌希望之星，現在比思克長老卻爬到賽加長老的頭上，也難怪賽加長老會不滿。」

「但是你們有沒有想過，若不是比思克長老，瘟疫到現在恐怕都無法解決，賽加長老又爲我們做過什麼？」

一群精靈在街頭，你一句、他一句的說個沒完。這個消息自然也傳到賽加耳中。

加爾匆匆忙忙來到賽加家裡，見西恩也在。「西恩，你也來了，想必也是聽到了街上的傳聞了吧！」

「這究竟是怎麼一回事，昨天到底發生了什麼事。」

賽加無奈地搖搖頭，把昨天的事情經過仔細說了一遍。

「我並沒有這麼表示過，真不知道這個謠言是從哪來的？」

「這一定是比思克的陰謀，他想要打擊賽加長老在精靈心目中的地位。」

加爾將事件完整地分析一遍，更將可能的後果加以說明。

西恩點點頭，完全同意加爾的說法。「賽加長老，你應該表示對比思克不滿，比思克的所作所為會把魔法世界帶到什麼樣的地步，相信你我都知道，只有賽加長老才有能力阻止這場浩劫，你就別在猶豫了。」

賽加堅信比思克不是那種會挑撥是非的精靈，依舊為他辯護。「我相信比思克不會做這種事，或許只是誤會一場，過一陣子，誤會解釋清楚就沒事了。」不論加爾怎麼說，賽加依然對比思克深信不移。

西恩和加爾一同離開賽加住處，加爾對西恩竊竊私語。「我今天晚上想偷偷到比思克的城堡裡面，看他究竟在做些什麼。順便看看能查出什麼事情。」

西恩對加爾的意見非常讚同，知己知彼、百戰百勝，不論未來是否會針鋒相對，先摸清楚對方的底細總是比較有利的。

「城內的戒備那麼森嚴，你要怎麼進去？」

加爾從口袋中拿出一個裝滿黃色粉末的小瓶子，在西恩的眼前晃了一下。

「這是我從賽加長老那裡拿來的隱身粉，可以讓我在無聲無息的狀況下進到城堡裡。」

「賽加長老有這麼好用的東西，我怎麼都不知道。」西恩摸摸頭，兩眼直盯著那個小瓶子，心中十分好奇。

「這是幾年前，我和賽加長老一起研究出來的，賽加長老怕隱身粉被有心的精靈利用，所以一直都沒拿出來，我也是那時自己保留下來，以備不時之需，想不到現在竟然用得到。」加爾得意地笑了笑，將瓶子收回口袋。

「好，那我要做些什麼？」西恩開始摩拳擦掌，準備好好一展身手。誰知道加爾反潑西恩一盆冷水。

「你什麼都不用做，等我回來後，我們再做打算。」西恩雖然心有不甘，但也只能垂頭喪氣的答應。

萊斯知道了加爾的計劃後，興高采烈地向比思克報告，比思克聽完加爾的計劃後，輕蔑地笑著。「自取滅亡，萊斯你有什麼計劃？」

聰明的萊斯當然知道比思克心中的盤算，自信滿滿地說：「我們可以將計就計，把精靈對賽加的信任完全摧毀。」萊斯一面說，兩眼不時打量著比思克的表情，深怕自己的話得不到比思克的認同。

比思克滿意的點點頭，萊斯才鬆了一口氣。

「不過我還需要一些協助。」

「你要的東西，我自然會幫你準備，不用擔心，去做你該做的事就行了。」

「那我立刻去辦，你就等我的好消息。」萊斯說完，向比思克恭敬地行禮後才迅速離開。

萊斯走到布魯斯的房間，見到布魯斯，面帶微笑，副輕鬆自在的神情。

「徹底毀掉賽加的時機到了，你還在這裡悠閒的休息。」

「是什麼時機？」

布魯斯從床上彈了起來，有什麼好時機，自己怎麼一點也不知情。萊斯把剛才知道的消息詳細的轉述給布魯斯聽，布魯斯聽完，似乎沒什麼太大的啓發，只是窮搖頭。

「加爾要來探我們的底，這算什麼好時機？」

萊斯拉了把椅子坐了下來，把整個計劃詳細地告訴布魯斯。

「賽加沒有重用你，真是他的損失。」

「跟著賽加一點前途都沒有，以他溫和的個性，什麼時候才能夠統一魔法世界，完成我的理想。」萊斯一臉不屑，語氣尖銳。

「統一了魔法世界後，你有什麼打算？繼續輔佐比思克，還是……」布魯斯低聲問道。

「說話小心點，我們是比思克的忠僕，只要好好爲他做事就行了，若你有貳心，下場會很慘的。別說些無聊的話，快去發邀請函給各部落長老。」萊斯打斷布魯斯的話，隔牆有耳，不得不防，更何況是這般滋事體大言詞，豈能隨便說出口。

布魯斯離開之後，萊斯洋洋得意地喃喃自語：「隱形粉，我的蝙蝠早就在你的身上種下標記，你怎麼逃得過我的眼睛。」說完不禁哈哈大笑。

＊＊＊＊＊

是夜，加爾依計劃來到比思克的城堡外，見城堡內外爲了各族長老聚會的事，正忙得不可開交，心下一喜，隱形後直接進到城內，爲了怕被發現，加爾放棄使用魔法，選擇徒步，大搖大擺地登門入室。

加爾小心謹慎的躲避來來往往的精靈，來到大廳，只見桌上擺滿了各式豐盛的佳餚，比思克正和各部落長老用餐閒聊，萊斯就站在比思克身旁。

萊斯見大廳內隱約透著絲絲紅光，知道加爾已經到了，低頭在比思克耳邊，壓低聲音說：「加爾已經來了，我們可以開始進行下一步計劃了。」

比思克站了起來，一臉歉意向在場的所有長老說：「各位長老，我的研究室還有點事，我先去處理一下，待會再回來陪各位，大家不要客氣，就當自己家裡。」

送走比思克後，各部落長老才坐下繼續享受大餐，完全不知道自己是比思克和萊斯完成陰險計謀的一顆棋子。

比思克和萊斯轉身向內室走去，『正愁找不到研究室，正好讓他自己帶我去。』加爾不疑有他，躡手躡腳地跟了上去。

比思克回到房間後，立即閃入一條密道之內，只留下萊斯在房裡。

加爾跟進了比思克的房內，只見比思克兩眼無神的呆坐在椅子上。

『比思克剛才在外面還可以談笑風生，怎麼一轉眼就變成這副癡呆的模樣。』加爾心裡正疑惑著，但接下來的事更讓他意想不到。

萊斯刻意在房裡製造桌椅撞擊的聲音，加爾還來不及反應時，萊斯突然舉起右手，使用『火靈魔法』，一條強大的火龍直襲比思克胸口。

「加爾，這是你的最拿手的『火龍飛舞』，驚訝嗎？」

爲什麼萊斯突然說出這些話，加爾還深墜十里迷霧時，比思克已經被『火龍飛舞』擊中胸口，大量鮮血從傷口湧出，比思克一聲慘叫後，跌落在地。

萊斯向前抱住重傷的比思克，使用『回復魔法』爲比思克療傷，大聲哀號。

眼前的巨變，讓加爾錯愕不已，更慌了手腳，一時之間，還懵然不知發生何事。

大廳內群聚的各族長老聽到內室傳來吵雜聲，擔心著是否發生了意外，紛紛循聲前來，看見萊斯抱著重傷的比思克，開始議論紛紛。

「究竟發生了什麼事？」長老們關心地詢問。

「是加爾的『火龍飛舞』。」萊斯沉痛地說。

萊斯言之鑿鑿的將矛頭指向加爾，雖然從傷口的形狀和燒焦的情況看來，確實是『火龍飛舞』造成的，但魔法世界中，能使用『火龍飛舞』的精靈也不在少數，而且加爾畢竟也是希望之星中，地位極高的精靈，故長老們也不敢斷然下定論。

萊斯見長老們有些猶豫，神情更加悲慟，聲淚俱下。若魔法世界也有奧斯卡金像獎，將最佳男主角頒給萊斯應該算是實至名歸。

「我跟在比思克長老後面，長老一進來就受到加爾出其不意的攻擊，我看見加爾攻擊長老，正想要向前抓住他，誰知他突然就隱形消失了。」

長老們見萊斯哀痛的樣子，不禁增加了幾分同情的信任，只是隱形魔法，聞所未聞，長老們也不得不保持著半信半疑的態度。

加爾目睹萊斯使用自己最擅長的『火龍飛舞』打傷比思克，又在這些精靈面前演了齣戲碼，才頓時恍然大悟，知道自己踩進了萊斯的陷阱，心中暗自著急，又看到現場這麼多長老，一時亂了方寸，慌忙向外逃去。

萊斯見加爾向外跑去，哀傷的神情下，心裡暗自竊喜。『任你再聰明，還不是得乖乖踩進我的陷阱，看你這次怎麼翻身，恐怕連賽加也保不住你囉！』

較為耳尖的長老聽到急促的腳步聲，紛紛循著腳步聲，向加爾的方向追來。這個不見身影的腳步聲，讓所有的長老都完全相信了萊斯的話。

幾個魔法較強的長老合力佈了一個強力的天網結界。這種結界是精靈狩獵時，用來捕捉獵物的結界，單獨由一個精靈施展已經可以牢牢困住大型的野獸，這個由數個精靈合力施展的結界，頓時讓加爾動彈不得。長老們一一圍到這個結界旁，看著結界裡隱形的加爾。

加爾看著結界外，一雙雙盯著自己的眼睛，雖然知道他們看不見自己，但心中依然焦急又後悔。加爾始終不明白，萊斯為何能事先設下這個陷阱。無計可施的加爾只能閉上眼靜待命運的宣判。

就在加爾心灰意冷幾近絕望的時刻，一股強勁的力量將結界打破，機警的加爾順勢使用『飛行魔法』，迅速逃離了比思克的城堡。當長老們要追上前去時，布魯斯慌忙地跑到眾長老面前，一臉悲傷，沉痛地哀求。「比思克長老傷得很重，請你們先救救他吧！」

長老們放棄追捕加爾，進到比思克的房間，合力使用『回復魔法』，治療比思克的傷

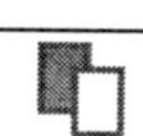

勢。

直到比思克脫離險境之後，長老們決定找賽加理論，要賽加說個道理出來。

長老們離開城堡後，比思克才從密道走出來，笑著稱讚萊斯：「這次表現的不錯，這次看賽加要怎麼辦。」

「這完全是的比思克長老的功勞，若沒有您的複製精靈，這個計劃也不可能會成功。」萊斯奉承功夫也越來越精純。

萊斯的話，比思克覺得十分中聽，得意地呵呵笑著。

「剛剛爲什麼要我去阻止長老們捉拿加爾，讓他們捉到加爾不是更好嗎？」

「萊斯，你真該好好教教布魯斯，他跟了我們這麼久，連你的一成都還學不會。」

萊斯倍受比思克讚賞，喜上眉稍，神色更加得意。

「布魯斯，捉到加爾有什麼用，萬一他自己承擔下來，那我們的努力不就白費了。加爾只是個小角色，我們要的是賽加替加爾出面承擔。」

「原來如此。」布魯斯終於也開竅了。

「先去準備一下，明天也許會有意想不到的收獲。」

「我知道了，我馬上下去準備。」

布魯斯一臉茫然，私下偷偷詢問萊斯。

「你又知道什麼了，我怎麼都不知道。」

「不用問這麼多，到時你就知道了。」

在比思克眼中，布魯斯無異於跳樑小丑，只是個聽令行事的傀儡，成不了什麼大氣候，只是比思克千算萬防，最後卻敗在不起眼的布魯斯手上。

＊＊＊＊＊

加爾毫無頭緒，漫無目的地飛著，心中亂到極點，直到現在，加爾還搞不清楚究竟發生了什事。西恩從後方追了上來，攔住加爾。

「究竟發生什麼事，爲什麼你會被長老們困住。」

「我也不知道，萊斯好像知道我們的一舉一動，甚至連我隱形的事都知道。」加爾無助地搖搖頭，滿臉悔恨。

「怎麼可能，若不是你提及隱形粉，連我都不知道有這回事，何況是萊斯。」

西恩一臉不可置信的樣子，但事實擺在眼前，不由得他不信。

加爾和西恩飛入森林裡，加爾才把心中的想法對西恩說。「我疑懷我們被監控，所以萊斯才能事先設下陷阱，讓我自投羅網。」

「不可能，若有精靈監控我們，我們不可能不知道。」

嘴上這麼說著，眼睛卻四下張望。

「這點我也想過，以我們的能力，不可能被精靈監控而不自知，除非監控我們的不是精靈。」加爾慢慢恢復了一貫的冷靜，逐一地理出頭緒。

「不是精靈還會是什麼，難道他們可以控制其他生物嗎?別瞎猜了，我看先去找賽加老長商量看看。」

加爾也別無他法，只得聽從西恩的意見。兩個精靈來到賽加住處附近，遠遠就聽到吵雜的聲音擾嚷不休。

不敢驚動其他精靈，他們躡手躡腳地走到近處，伏在岩石後觀看，只見賽加站在門口，面前圍了一大堆精靈，裡面更不乏各部落的長老級精靈。

「賽加，枉費我們這麼信任你，你竟然派加爾去謀害比思克長老，若不是我們也在場，恐怕比思克長老已經遭到毒手了。」

「即使你沒有派加爾去謀害比思克長老，但加爾是你的愛將，卻是不爭的事實，這件事你總要給各部落一個交待吧！」

「各位，事情還沒查清之前，不要妄下定論，先聽賽加長老的解釋再說吧。」

各種不同的意見此起彼落，有責難、謾罵、悲憤，也有支持賽加的言論，只是相形之下少之又少。

一直默不作聲的賽加，終於開口。

「各位長老，這件事我確實不知，不過我一定會查明真相，給各位一個交待，到時若無法給各位一個滿意的答覆，我將會自動辭去大長老的職務，以示負責。」

長老們對於賽加的保證，雖然不是很滿意，但已經可以接受，紛紛離去。

十數位支持賽加的精靈和賽加一同進到屋裡，加爾和西恩見精靈們都離去後，才飛快地閃進屋裡。

賽加見到剛闖下大禍的加爾和西恩，不禁愁眉不展，口中加以責難，內心卻思索著如何為他們解套。「加爾，你這次可闖了大禍，你在行事之前為什麼不先找我商量。」

加爾無言以對，滿臉羞愧，低頭不語。

「這不是加爾的錯，是萊斯設計陷害加爾。」西恩挺身而出，把事情的來龍去脈說得清清楚楚，明明白白。

賽加聽完西恩的解釋，慢慢闔上雙眼。一旁十幾個精靈卻個個義憤塡膺，起鬨著要向比思克討回公道，你來我往地說個沒完。

不一會，賽加緩緩張開眼睛，心情平靜地說:「加爾，你不用難過，你也是爲我著想。只是不小心掉進萊斯的陷阱。我真的很難想像，比思克會這樣對我。唉!」

賽加不住地嘆氣，千年的友情和信任，竟在一朝破碎，這對賽加而言，無異是個相當嚴重的打擊。

加爾在賽加面前跪了下來，一臉歉疚。

「對不起!我不該擅自行動，讓長老蒙受不白之冤。」

賽加扶起加爾，輕拍他的肩，不但沒有責怪的意思，反而安慰加爾。

「只要他存心設計我，他就不會放過任何可能的機會，你只是不小心被利用而已，不用放在心上，現在最重要的，是想辦法解決，明天我就去找比思克，看看有沒有挽回的餘地。」

賽加知道事情的嚴重性，天一亮，急急忙忙帶著幾個學生到比思克的城堡外。只是沒想到，賽加一行精靈竟被萊斯和布魯斯拒於城門外。

「我有很重要的事，必須和比思克商量，請你們進去通報一聲。」

「比思克長老有傷在身，暫時無法見客，若有要事，跟我說也是一樣，我可以代賽加長老轉告比思克長老。」萊斯一副趾高氣昂、目中無人的神情。

「你瞞得過其他長老，卻瞞不過我，我知道受傷的只是和比思克長得十分相似的精靈，而不是比思克。」

「比思克長老明明就已經被加爾打傷，只怕就是你下的命令，現在還敢來這裡說些風涼話，不怕引起公憤嗎？」萊斯的倨傲態度依舊。

西恩大步走到萊斯面前，怒氣沖沖地指著萊斯的鼻頭。

「你是以什麼身份和賽加長老說話，竟然這麼目無尊長。現在我們一定要進去見比思克長老，如果你們一定要阻攔我們，我們也只有硬闖了。」說話時，更一把推開萊斯，劍拔弩張的氣氛一下脹到最高點，大戰幾乎一觸即發。

萊斯向後退了兩步，跌跌撞撞地坐到地上。布魯斯見狀急拉警報，片刻間，門口已經聚滿了精靈，個個蓄勢待發，神情嚴肅地看著賽加。

西恩也不甘示弱，驅動魔法準備硬闖大門。

賽加橫身阻在西恩面前，無奈地說道:「算了，沒有必要起衝突，我們下次再來好了。」

萊斯看著賽加灰頭土臉的離開，西恩一副咬牙切齒的樣子，心中甚是得意，但事情不會這麼容易結束，萊斯在心裡盤算著。

「布魯斯，去佈署一下，我想西恩這兩天之內一定會來硬闖，我要他有來無回。」

「真的嗎?你怎麼知道?」布魯斯搔搔頭，一臉不解。

「我說什麼，你就只管做，別再多問，懂了嗎?」萊斯拍拍布魯斯的肩頭，語帶威脅。

布魯斯不敢再多問，連忙點頭，退下準備萊斯交待之事。

回程的路上西恩不斷質問賽加。「爲何不硬闖，以你的力量，一定可以見到比思克，向他問個水落石出，就這樣回來，加爾怎麼辦?」

賽加只是搖搖頭，沒有多說什麼，他心裡非常明白，希望之星幾乎已是一面倒地支持比思克，事情演變到這種地步，怎麼可以再讓衝突發生，一旦發生衝突，會有什麼樣的後果，連賽加自己都不敢想像。

『該做的還是得做，帶著西恩反而綁手綁腳，明天就孤身前往。』賽加心裡打定主意。

急躁的西恩卻等不了明天，當日下午就召集了數十名支持賽加的精靈，打算瞞著賽加前往比思克的城堡討回公道。

加爾知道西恩全是爲了自己，但是權衡輕重，實在不應該再多生事端。西恩的脾氣，加爾最清楚不過，雖然明知勸不動西恩，還是得盡力而爲。

「西恩，你這樣做會造成不可收拾的後果。若可以硬闖，賽加長老會不闖嗎？賽加長老已經被各族長老誤會，若是再發生衝突，後果不堪設想。如果你執意要去，我會請賽加長老來阻止你。」

怒髮沖冠的西恩早已經失去理智，任何話都進不了他的耳中。

「就算賽加長老來也阻止不了我，你要去通知賽加長老就儘管去好了。」

加爾明白西恩已經聽不下任何勸告，只有賽加長老才能阻止西恩做傻事，正想前往賽加住處，西恩已經先發制人，使用『冰封魔法』，將毫無準備的加爾封印住，帶著精靈

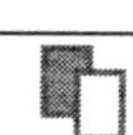

們往比思克的城堡出發。

萊斯知道西恩已經出發，趕緊向比思克報告。

「很好，想不到這麼快就可以除掉賽加的左右手，記住，一定要在賽加趕到前把西恩解決，否則功虧一簣。」

「我什麼時候讓你失望過呢？」

比思克和萊斯爲即將到來的勝利，開懷大笑。

被封印的加爾心急如焚，不斷加強力量，企圖突破封印，但欲速則不達，越心急就越無法集中精神來衝破封印，加爾慢慢靜下心來，全身的力量緩慢流向胸口集中，蓄積了足夠力量後，瞬間將力量爆發，終於一舉突破西恩的封印。加爾施展『飛行魔法』全速飛向賽加住處，希望能夠來得及阻止這場悲劇發生。

西恩氣沖沖的來到城堡，與萊斯一言不合便發生了衝突，西恩也懂得擒賊先擒王的道理，不斷找機會接近萊斯。西恩的力量在魔法世界僅次於賽加，若單打獨鬥，不出片刻就能將萊斯手到擒來，但萊斯卻只待在後面指揮，精靈們一波波的向西恩等精靈發動攻擊，一場驚天動地的戰鬥就在比思克的城堡內持續上演著，當西恩看見和自己一同前來的精靈一一倒下，心中漸漸後悔，爲什麼要這麼衝動，但情勢已是騎虎難下，西恩也只能戰鬥到最後。

萊斯站在後面，欣賞著自己的傑作，心中相當滿意，這麼一來，賽加再也無法在魔法世界立足。經過數個小時的戰鬥，場中只剩下西恩單獨和萊斯手下的數百精靈苦苦戰鬥，萊斯看著西恩勇猛的模樣，也不禁燃起欽佩之心。

賽加得到加爾的通知後，立即施展『飛行魔法』，疾電般飛向比思克的城堡。城中的戰鬥仍持續著，布魯斯由內庭走到萊斯身旁，將嘴湊近萊斯耳畔。

「別再玩了，比思克長老說賽加已經在路上，爲了避免夜長夢多，儘快結束吧！」

萊斯點點頭，雙手在胸前交叉，集中精神，看準西恩稍微鬆懈的零點幾秒，施展『土爪魔法』，土爪從西恩站立的地面下以舖天蓋地之勢竄出，迅雷不及掩耳地襲向西恩，西恩冷不防土爪從地底竄出，被擊中胸口，彈至空中數十丈後，重重地摔回地面。

萊斯一擊得手，心中得意不已，召來夏克。

「賽加轉眼就到，我和布魯斯不方便和他碰面，剩下的就交給你了。」

交待完後，就和布魯斯一同走回內庭。

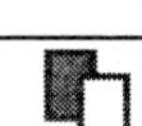

「為什麼你不敢和賽加碰頭?」

萊斯故作神秘地笑了笑，拍拍布魯斯的肩膀。

「賽加必定知道這一切都是出於我的計謀，以賽加的個性，如果看到我，必定不計代價取我的性命，你想我們擋得住賽加嗎?但是如果由其他的精靈出面，他一定不會加以為難，也不會硬闖造成更大的衝突。」

「以萊斯大人的聰明才智，他日一定可以……」布魯斯對萊斯的見解，佩服的五體投地，又開始阿諛奉承一番。

「別胡說，我們是比思克長老的忠僕，怎麼可以有異心。」

萊斯嘴裡這麼說，心中卻一直回味著布魯斯剛才的話。

賽加趕到時，只見到遍地都是戰死的精靈，西恩已奄奄一息地躺在城堡的廣場中央。賽加飛到西恩身旁，將西恩扶在自己懷中，心痛不已。

「我就是不想看到這種情形，才會禁止你們硬闖，唉!你們為什麼不肯聽我的話。」

西恩也知道自己一時衝動闖了大禍，雖然懊悔，卻再也無法彌補。

「長老，對不起，我只是不想看到魔法世界毀在比思克手上……」

曾憑一己之力，擊敗桑特西斯數千大軍。

曾以最年輕的資歷，贏得兩族競技的勝利。

曾與賽加共同攜手，建立希望之星帝國。

曾經的榮耀在他腦中一閃而逝，終於在他最尊敬的賽加懷中，永遠閉上了眼睛。

賽加抱著西恩的屍體，心緒雜亂，完全無法思考任何事情。一幕幕往事突然浮現腦中，千年之前，彷彿也發生過同樣的事，同樣因爲自己的猶豫，釀成了無可彌補的遺憾，同樣因爲自己感情用事，造成了無限悔恨。往事如海浪般，一波波向賽加侵襲，似要將他吞沒，將他一點一滴地毀滅。

數百名精靈同時圍了上來，作欲攻擊之勢，每個精靈心中都明白，這純是裝腔作勢，這點精靈，根本就不是賽加的對手，夏克鼓起勇氣，開口說話。

「賽加長老，你爲什麼要讓你的學生硬闖比思克長老的城堡，造成這次的衝突事件，是不是你嫉妒比思克長老的成就，想要來破壞這一切。」

夏克敢在這個節骨眼，說這種話，不禁讓身旁的數百精靈同時捏了把冷汗。倘賽加真的動起手來，恐怕在場所有精靈都得回蘇洲賣鴨蛋了。

賽加善良仁慈，並無意對無辜的精靈動手，更明白沒有精靈聽得下自己的話，他沈默地伸出右手，施展魔法將所有精靈屍體縮小，集中在光球裡。

數百個精靈看到賽加施展魔法，懼怕他深不見底的魔法威力，紛紛向後退了一步。

「賽加，你走吧！魔法世界再也不歡迎你。」夏克見賽加並沒有攻擊的意思，說話更放肆無禮。

賽加黯然地帶著裝滿精靈屍體的光球，緩緩地步出城外，往沒有精靈居住的深山走去。賽加無言地走著，無法言喻的哀痛，不斷撕裂著賽加的心。

賽加的離去，也讓加爾失去了立足之所，精靈們將加爾放逐到極北之地，在這個地獄裡，他仍日夜爲魔法世界憂心，最後鬱鬱而終。

第8章　烽煙四起・魔獸重現

驅逐了賽加之後，比思克終於得以獨掌大權，對他來說，報仇的日子終於一步步地接近，千企萬盼，等的就是這一刻，比思克怎能不感到格外興奮。

賽加離開希望之星，幾天內就傳到了柯特的耳中，柯特害怕這只是希望之星放出的假消息，還特地派間諜到希望之星來確認。確定賽加真的離開希望之星後，柯特大喜，在他眼中，賽加是統一魔法世界唯一的阻礙，比思克在他心目中，不過是個小角色，不值得一提。因此柯特立刻召集手下大將，共商進攻希望之星的事宜。

夜裡，比思克又獨自來到愛琳墓地，靜靜地坐在碑旁，不時伸手撫摸著墓碑。

「愛琳，我終於要爲妳報仇了，我想妳九泉有知，應該也會很高興吧！」

萊斯知道了柯特的動靜後，明白大戰在即，以目前希望之星的力量，絕對無法與桑特西斯抗衡，於是匆匆忙忙地趕到愛琳墓地。

「柯特知道賽加被希望之星驅逐後，已經派出魔法大軍進攻希望之星，據我估計，三天之內，他們就會到達希望之星。」

「你沒看到我正和愛琳說話嗎？」

比思克回頭瞪著萊斯，一臉不悅，彷彿要把萊斯生吞活剝似的。萊斯也知道這個時

候的比思克是不能打擾的，但萊斯實在無可奈何，逼於事態嚴重，魔法大軍非同小可，萬一準備不足，可能隨時會被魔法大軍一舉殲滅。

「萬一希望之星保不住，他們下一個目標一定是這個城堡，愛琳的墓地到時也可能會被戰火波及，你希望看到這種情形嗎？」

比思克回頭看著愛琳的墓，眼神充滿了關愛。

「你放心吧！他們滅得了希望之星，但絕對進不了亞西斯山，希望之星算什麼，他們全部作爲愛琳的陪葬品還嫌不夠。」

萊斯對比思克的冷血心寒，希望之星是自己千辛萬苦和賽加一起建立的，也是自己歷經多時才從賽加手中搶得，自己在希望之星裡可以呼風喚雨，怎麼能任其毀滅。

萊斯爲保希望之星，硬著頭皮頂撞比思克。「該作爲愛琳的陪葬品的是桑特西斯，不是希望之星，希望比思克大人不要放棄希望之星。」

「哼！我會不知道你心裡在想什麼，不過念在你曾幫過我，我就幫你保住希望之星，讓你可以繼續在那裡作威作福，享受你的權力夢。」

「你打算用什麼來抗衡魔法大軍，整個希望之星的軍隊只有桑特西斯的十分之一，恐怕不足以抵抗桑特西斯的魔法大軍。」

「若你什麼都知道，我還不成爲你的階下囚。」

萊斯連忙跪到地上，臉伏貼在地面，久久不敢抬頭。「我對比思克長老誓死效忠，絕無貳心，請比思克長老明鑑。」

「最好是這樣，你走吧！他們進不了希望之星的。」語畢，比思克不再理會萊斯，兀自對著愛琳的墓碑喃喃細語。

萊斯卑微地退下，走回房內。

布魯斯進到萊斯房內，見萊斯的臉臭得像是掉到屎坑似的，一時三刻還搞不清楚發生何事。

「萊斯，發生什麼事，看你好像不怎麼高興似的。」

布魯斯不說還好，一說更惹得一身腥。

「關你什麼事，若你閒著沒事，還不如想想辦法，怎麼對付魔法大軍。」萊斯咆嘯著。

布魯斯自討沒趣，悶哼一聲，將嘴湊近萊斯耳朵，輕聲說：「我偷到比思克的秘密了。」

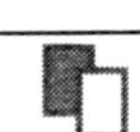

「快拿出來。」萊斯這時才露出喜悅的表情。

布魯斯從懷中拿出一個完全透明的盒子，交給萊斯，還不住地追問：「就是這個，可是我看裡面空空的，好像什麼也沒有。」

「絕對不能讓比思克知道，哼！他還以為我什麼都不知道，總有一天，我要他知道，誰才是魔法世界的主宰。」萊斯小心翼翼地把盒子收好，仔細地吩咐布魯斯。

萊斯帶著盒子，離開房間，走進幽暗迴廊，看四下沒有精靈，悄悄打開一個密道，逕自走了下去。

萊斯跟了比思克這麼久，雖然平時裝作什麼都不懂，但是對比思克所做的一切，卻非常的清楚，以萊斯的聰明才智，要學這些東西並不難。只是比思克一直防著萊斯，使萊斯得不到核心物質，故安排不起眼的布魯斯跟著比思克，自負的比思克從未把布魯斯放在眼裡，以致疏於防範，讓萊斯有機可趁。

萊斯瞞著比思克，在城堡的角落另建了一個屬於自己的研究室，將比思克的研究成果複製一份，供自己研究之用，希望能在未來超越比思克，這樣就不用再看比思克的臉色做事，更能取代比思克在魔法世界中的地位，一個小小的希望之星如何能滿足萊斯的慾望，萊斯要的是整個魔法世界，而且是一個完整，沒有被摧毀的魔法世界。

魔法大軍由左拉領軍，浩浩盪盪的從桑特西斯城出發，四路縱隊綿延數十公里，旌旗飛舞，塵沙飛揚，左拉騎著巨獸山鱈，走在最前面，一副威風八面，不可一世的模樣。

桑特西斯千年以來，一直處於動盪不安的狀態，魔法大軍始終肩負著平定動亂的責任，數百名的小部隊就足以彌平一場大動亂。柯特第一次出動這麼多的魔法大軍，只爲了一舉拿下希望之星，足見他對此役的重視。

左拉是柯特的遠親，雖然有強大的力量，頭腦卻平凡無奇，他唯一值得自豪的，就是拍馬屁的功夫一流，所以才能得到柯特的歡心。同時，他也是個標準的牆頭草，風吹兩面倒，不論是誰得勢，左拉就會眼尖地在第一時間，施展其諂媚的功夫，因此在桑特西斯的權利鬥爭中，一直都有著重要的地位。

希望之星的主力是羌族和骨族的精靈，魔法力量本來就比一般精靈強大，爲了應付他們，柯特動用了桑特西斯城三分之一的軍隊，只求一戰取得希望之星，即使只有三分之一，也是希望之星總兵力的三倍之多。

左拉帶著必勝的把握離開了桑特西斯，一路上春風得意，直到距希望之星不遠的草原才將大軍停下紮營。

「可惜賽加已經不在了，否則真想跟他好好較量，看誰才是魔法世界的最強者。」

站在軍營大門，遙望著希望之星，不知羞恥的左拉竟說出這種大話。

比思克帶著萊斯從希望之星慢慢走向左拉的軍營，左拉見只有比思克和萊斯，也不加以攔阻，任由他們走到自己面前。

「你們是看到我軍的壯盛，特地前來投降的嗎？沒有了賽加，你們除了投降外，恐怕也沒有第二條路可走。」

「賽加算什麼，我勸你們還是快走吧！不然等一下就沒機會囉！」

左拉知道比思克連魔法也不會，所以說話也跟著跋扈起來。

「你還敢說大話，有什麼本事儘管使出來，我就在這裡等你，不過，別讓我等太久，我沒什麼耐心的。」

「這是你自找的。」

說完就帶著萊斯從容不迫地離開軍營。

「明知道他們不會退兵，又何必多走這一趟。」

「放出多古米多斯，我要他們親眼目睹，我如何在氣定神閒的情況下，將他們一舉殲滅，到時我還會留下幾個精靈，讓他們逃走，否則有誰知道我們強大的力量。」

左拉看著比思克的身影慢慢消失，同時，數百頭怪物從地平線出現，緩緩朝軍營走來。這些怪物有著火紅的身體，尾巴有如蠍子一般，是從未出現在魔法世界的奇異怪物。

「原來比思克說的就是這種怪物，我還以爲是什麼了不起的東西，要靠怪物來作戰，我看希望之星已經是囊中物。」

左拉命精靈將帶來的數千頭青麒獸放出，青麒獸一被放出牢籠，馬上衝向緩慢走向魔法大軍軍營的多古米多斯。

比思克站在遠方，看著滿坑滿谷的青麒獸，也不禁讚嘆起來。

「真不知他們去哪找來這麼多青麒獸，我還以爲牠們絕跡了呢！」

萊斯年輕時差點喪命在青麒獸的利齒之下，也知道青麒獸的厲害，不免有些心慌。

「多古米多斯真的對付的了青麒獸嗎？」

比思克一言不發，靜靜地看著。

青麒獸一湧而上，多古米多斯雖然兇猛，但是猛虎難敵猴群，慢慢地居於下風。

左拉看著青麒獸漸佔上風，得意洋洋。「我還以爲是什麼了不起的怪物，竟然這麼不堪一擊，真是沒趣。」

看到這樣的結局，萊斯憂心不已。「青麒獸的數量太多了，多古米多斯已經快被消滅了，這樣下去希望之星就完了。」

比思克狠狠地瞪了萊斯一眼，眼神充滿信心，仔細觀察，會在比思克自信的眼神背後，看見一股怨毒的氣息。

「你擔心什麼，這只是開胃菜，讓他們高興一下而已，接下來才是主菜。」

比思克的話彷彿爲萊斯打了劑強心針，讓萊斯不再驚慌失措。這一切都在比思克的計算之中，比思克唯一失算的是萊斯的緊張和慌亂全是裝出來的，爲的是讓比思克對他失去戒心。

隨著比思克的聲音消失，大地開始崩裂，一隻魔獸從地面竄出，這隻魔獸有三個頭，每個頭上都長著尖銳的利刃。身體像小山丘一樣巨大，身體外面覆蓋著一層泛著黑色光芒的鱗甲。牠的六個眼睛閃著異樣的紅光，似乎具有看透其他生物內心恐懼的能力。

牠的出現讓整個天空突然的暗了下來，彷彿末日降臨一般，從牠體內散發出來的黑色煙霧，讓四週的生物瞬間失去了生命力。

左拉看到這隻魔獸也暗自心驚。『這隻怪物是哪裡找來的，為什麼看到牠，會打從心底感到恐懼。』左拉強裝鎮定，命令青麒獸展開攻擊。

只見整群青麒獸全然不聽指揮，兀自低著頭慢慢後退，身體還微微顫抖著。

「這隻噬光獸將是消滅桑特西斯的最佳武器，萊斯，好好欣賞我的傑作吧！有朝一日，牠將會爲我踩平桑特西斯城。」

萊斯並不是第一次看到噬光獸，噬光獸的復活，萊斯也幫了不少忙，然而看到牠活動卻是第一次，噬光獸所散發的黑暗魔力，讓萊斯坐立難安，恐懼感油然而生。

噬光獸一步一步慢慢走向軍營，每走一步，大地就發出不安的震動。

生物在本能上就具備了躲避危險的能力，牠們可預知各種天災，在災難來臨之前，集體遷移以避開災難。青麒獸預知了眼前這隻魔獸的可怕，正眼也不敢望一眼，本能地四下逃竄。

左拉見情勢不妙，驅動『五雷魔法』，朝噬光獸攻擊，只見雷球一一向噬光獸身上招呼，發出巨大的爆炸。

「還不把你炸得粉碎。」左拉攻擊得手，洋洋得意。

煙塵散盡，只見噬光獸毫髮無傷，更開口說話。「就只有這樣子，太讓我失望了。」噬光獸說的每一個字，都如強力音波攻擊般，衝擊著魔法大軍的耳膜，爲了避免耳膜被震裂，精靈們紛紛摀住耳朵，摒氣凝神對抗噬光獸說出來的話。

噬光獸張開嘴，一團火球射向魔法大軍，大地瞬間被燒爲焦土，更遑論身在烈火範圍之內的精靈。

左拉眼明手快，在第一波攻擊時，看形勢不對，就使用『飛行魔法』離開戰場。

火球一波接一波射向魔法大軍，精靈們爭相走避，然而一切的努力都只是白費力氣，片刻間，數萬魔法大軍幾乎全數被殲滅了。這個曾經地阜豐饒的大草原，也變成一片荒漠，不只植物無法生長，連小型生物爬過這片焦土，還會被潛在地底的餘溫化爲焦炭。

「萊斯，這才是力量的象徵，有力量才擁有一切，什麼魔法大軍，在我眼中不過是一群小丑。」比思克非常滿意眼前的傑作，不禁大笑了起來。

萊斯簡直不敢相信自己的眼睛，世界上竟然有這種超越想像的力量。

「比思克長老，您真是世上最偉大的精靈，竟能得到這種力量，您是如何控制這隻魔獸，讓牠爲您效命呢？。」暗自已下定決心，要將這隻魔獸據爲己有。

「我在牠的腦內裝了一個魔法晶片，用來控制牠的行動，在我面前，牠就像隻溫馴的小寵物，哈哈……。」比思克的笑聲，聽來已如同魔鬼般，淒厲而可怕。他笑的不只是這次的勝利，而是桑特西斯的末日即將到來。

原本滿心歡喜準備迎接勝利的柯特，看到左拉狼狽地逃回桑特西斯，震怒不已。

「究竟是發生了什麼事，怎麼只有你回來，我的魔法大軍呢？」

「終究是沒有正式統領過大軍的菜將軍，也難怪會兵敗如山倒。」曼卡說。

「真不知道你這個將軍是怎麼當的，還真有臉自己跑回來。」麗亞說。

曼卡和麗亞是桑特西斯中最著名的兩位將領，兩個精靈爲出征希望之星明爭暗鬥，卻不知中途殺出個程咬金，看到左拉兵敗回來，兩個精靈暗自竊喜，反倒站在同一陣線，對左拉冷嘲熱諷一番。

「你們兩個一來一往，有完沒完，先聽左拉怎麼說。」柯特心裡頭著急，又聽曼卡和麗亞在一旁話風涼，不由得氣上心頭。

左拉一想起當時的情形，冷汗直流，說話時嘴角還不停地打顫。

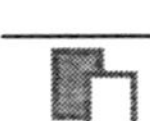

「比思克不知道從哪找來一隻魔獸，走路足以引發地震，說話彷彿打雷，身體比一座小山還大，牠的每一次攻擊，都有如天崩地裂一般，當我們還搞不清楚狀況時，我軍就已經全滅了。」

「竟然會有這種魔獸，那要拿下希望之星不就遙遙無期了。」柯特現在還天真的想取得希望之星，殊不知連桑特西斯都快保不住了。

「左拉，敗軍之將，也沒有必要把對方形容得這麼誇張，那隻魔獸要真是這麼可怕，你逃得回來?你這只是戰敗的藉口罷了。」

「身爲將軍，難道連『天網魔法』都不會，就算是魔獸遇到『天網魔法』也要乖乖束手就擒。」

麗亞一心想爭功勞，自告奮勇:「請派一萬魔法大軍，我一定將比思克手到擒來。」曼卡也當仁不讓，與麗亞爭了起來，說:「我只需要五千魔法大軍，就能拿下希望之星。」

他們的自信，又讓柯特重新拾回信心。

「你們不用再爭，就讓你們各領一萬魔法大軍，麗亞前往亞西斯山捉拿比思克，曼卡直搗希望之星，我希望能儘快聽到你們的好消息。」

兩位精靈受命後，各領一萬魔法大軍浩浩盪盪的出發。

殘餘的魔法大軍，四下逃竄，正如比思克所預料，桑特西斯的魔法大軍在希望之星城郊被一舉殲滅的消息，也隨著逃竄的精靈，在魔法世界漫延開來。希望之星更有精靈目睹這一切，使得比思克的傳說，在希望之星傳得滿城風雨，有的精靈認爲從此可以不再畏懼桑特西斯的侵略，有的精靈則是認爲這是不該存在的力量。

曼卡來到希望之星城郊，看到現場遺留的痕跡，也覺得不可思議，腳下的餘溫還未盡除，且讓腳底隱隱作痛。

曼卡終究是桑特西斯兩大將軍之一，行軍佈陣自有其可取之處，曼卡以三個魔法具有相輔性的精靈爲一組，使用雁行大陣向希望之星展開攻擊。

希望之星的軍隊雖然在數量上佔有優勢，但久未經戰鬥，且缺乏一個有能力的領導中樞，形同散沙一般，不到半天，希望之星的軍隊已被曼卡擊潰，四下逃去，希望之星從此納入桑特西斯的版圖。

取得希望之星的曼卡，站在城端，遙望著亞西斯山。『麗亞也應該到達亞西斯山，就

算她抓到了比思克，我的功勞還是比較大，看樣子，大將軍的位置非我莫屬了。』

沉寂的亞西斯山突然黑氣沖天，曼卡知道戰鬥已經開始，靜靜站在城上，等待麗亞帶著比思克前來會師。

片刻之後，漫天黑氣消失，曼卡心下大喜，只道是麗亞順利完成任務。不久，只見天際一個精靈跌跌撞撞地飛了過來，曼卡遠遠看是麗亞，施展『飛行魔法』迎了上去，見麗亞身負重傷，連忙扶住送回地面。

「這是怎麼回事，亞西斯山究竟發生了什麼事?」

曼卡和麗亞本是一對眾所稱羨的情侶，且魔法力量旗鼓相當，因雙方個性都十分倔強，一心只想勝過對方，以致感情破裂，在公開場合劍拔弩張，互不相讓，但彼此之間的情愫，卻不曾減少過。

看見麗亞奄奄一息的樣子，曼卡覺得心疼不已，使用『回復魔法』爲麗亞療傷。

「我們快撤回桑特西斯，左拉並沒有誇張，甚至有所保留，那隻魔獸不是精靈們能應付的，快走吧!別管希望之星了。」麗亞氣若遊絲，仍不願曼卡受到任何傷害，苦心規勸。

倔強的曼卡根本聽不進麗亞的勸告，況且眼前最重要的是治好麗亞，其他的事，在曼卡眼中都已經不重要了。

「這怎麼行，好不容易取得希望之星，怎麼可以輕易放棄，妳先不要說話，讓我爲妳療傷。」

「沒用的，牠的黑氣已經進到我體內，我用盡力氣來到這裡，只是要警告你，牠實在太可怕了，千萬不要和牠正面衝突。」

曼卡面對著麗亞的關心，開始後悔當初的倔強，身體微微顫抖著，淚流滿面。

「若我不要那麼好勝，妳也不會變成這個樣子，都是我害了妳，對不起，真的對不起。」

看到曼卡仍這麼關心自己，麗亞勉強擠出一絲笑容，右手輕撫曼卡臉頰，眼神充滿幸福。

「別這樣，你可是堂堂的將軍，聽我的話，快撤回桑特西斯，離開柯特，我不希望你死。不管從前我們再怎麼賭氣，我依然愛你。」

麗亞緩緩閉上眼，手慢慢垂下，在曼卡懷中氣絕身亡，臉上仍掛著一抹滿足的微笑。

曼卡再也顧不得自己的身份，放聲大哭。

失去曼卡的指揮，整個軍心開始浮動，危機還不止這樣，在曼卡悲痛之際，噬光獸已經來到希望之星的上空。

曼卡將麗亞輕輕放在地上，站了起來，憤恨看著天空的噬光獸。曼卡不愧是大將之材，悲憤仍不失冷靜，喝令魔法大軍羅列陣法，施展『天網魔法』，當初十多個長老們用『天網魔法』曾成功困住加爾，如今數千精靈集中力量的『天網魔法』又如何，精靈們的力量加上陣形協助，威力更是非同小可。

層層魔法將噬光獸團團圍住，魔法陣內利刃般的颶風盤旋，一般魔獸早已被四分五裂，只是噬光獸並不是一般魔獸，牠黑色鱗甲對魔法視若無睹，黑氣在魔法陣內迅速膨脹，瞬間，黑氣已將『天網魔法』撕裂。

精靈們個個看得呆若木雞，曼卡見『天網魔法』失效，一時也亂了方寸。

噬光獸口中噴出大量黑氣，黑氣不斷向四週漫延，傾刻間，整座希望之星，不分敵我，全被黑氣籠罩，身陷黑氣包覆的精靈一一不支倒下，逐漸化為一堆白骨，曼卡看到這地獄般的情景，自知回天乏力，欲一股作氣衝出黑氣，但為時已晚，黑氣已經侵入曼卡體內，四處流竄，慢慢奪走曼卡的生命力。

魔法大軍再次全軍覆沒的消息，傳回了桑特西斯，柯特嚇得冷汗直流，手足無措，比思克殘忍的手段，爲了消滅魔法大軍，不惜犧牲整個希望之星的精靈，更讓整個桑特西斯惶惶不安，人人自危，統治中樞再也無力控制桑特西斯，精靈們爲了避難，紛紛遷離。

左拉早已耳聞柯特和比思克的恩怨，爲了保命，在混亂中抓了柯特前去亞西斯山投效比思克。左拉的背叛，更讓桑特西斯雪上加霜，失去領導中樞，魔法大軍倉皇無措，四下潰散，使桑特西斯一夜之間，宛若死城。

自此魔法世界的兩大城市，桑特西斯和希望之星已形同廢墟，再也不見往日的繁華榮景。

比思克見左拉這個不知廉恥的精靈帶著柯特前來，故意消遣一番。

「怎麼啦！狂妄的左拉將軍，今天怎麼帶這個灰頭土臉的傢伙到我這裡，戰場上的威風到哪去啦！」

「我素聞您和柯特的恩怨，爲表示對您效忠的誠意，特別帶柯特前來投效您的。」

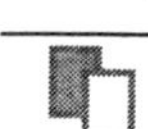

左拉厚顏無恥地陪著笑臉。

柯特眼中怒火中燒，直盯著左拉，不斷叫囂。

「你這個忘恩負義的傢伙，不會有好下場的。」

比思克看著柯特的狼狽樣，心中樂不可支，等了那麼久，才等到今日，怎麼不趁此時好好折磨柯特。

「我就讓左拉統治桑特西斯，讓你看看背叛你的好下場。」

柯特怒不可抑，兩眼直瞪著左拉，氣得說不出話來。

比思克看柯特越是氣憤，心中越是開心。

「萊斯，現在就讓左拉到桑特西斯去上任，讓他取代柯特的職務。」

左拉原只是想保命，卻沒想到竟有讓個意外的收獲，興高采烈地躬身道謝。

比思克命布魯斯將柯特押入大牢，回頭對萊斯使個眼色。

「將左拉拖去餵多古米多斯。」

左拉彷彿由天堂跌到了地獄，雙腳跪地求饒。

「你唯一的用處就是激怒柯特，現在用處已經沒有了，還留你做什麼，今天你背叛柯特，明天就可能背叛我，試問我能留著禍害在身邊嗎？」

左拉在哀嚎聲中被硬生生地拖走，他做夢也想不到，爲了自保賣主，卻落得如此下場。

「恭喜比思克長老統一了魔法世界，相信從今後沒有精靈敢再和您作對了。」

「只可惜沒能把桑特西斯毀掉，柯特也真是太沒用了，這樣就完了，我都覺得還沒玩夠。」比思克覺得這場遊戲就這麼結束，實在是意猶未盡。

夜裡，比思克又獨自來到愛琳墓前，比思克彷彿又回到從前，眼神充滿溫柔，不再冷漠無情，或許比思克只有在面對愛琳時，才能敞開心胸，坦然地面對自己的感情。

「柯特已經落在我的手中，我要把他加諸在我們身上的痛苦，千萬倍的討回來。」

比思克在墓前待了一整夜，直至初陽東升，比思克才離開，走到柯特的牢門口。

「被關的滋味如何，想不到你也有這一天。」

柯特悶哼一聲，轉過頭去，對比思克的諷刺毫不理會。

「個性真硬。」比思克奸詭地笑著，拿出一個精美的小盒子。

「這裡面這隻魔獸毒牙是我特別爲你精心設計的，待會你有的是時間，和牠好好相

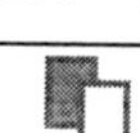

處。」

比思克打開盒子，一隻碧綠色的小蟲子迅速朝柯特飛去，咬住柯特的皮膚，柯特在第一時間做出反應，伸手撥開咬在皮膚上的毒牙，但毒牙的動作實在太過迅速，瞬間已經鑽入柯特體內。

不知被什麼怪物鑽入體內，任誰都無法再強作鎮定，柯特大驚失色，不斷咆嘯。

「這是什麼鬼東西，可惡的比思克。」

「毒牙可是我的傑作，他會在你的體內潛伏，除了用餐之外，牠是不會亂跑的，不過牠想用餐時，就會啃食你的骨、撕裂你的肉。不過你也不用太擔心，牠的食量不大，你還可以活很久，只是那種千蟻食心的痛楚，不知你能不能忍受。還有，提醒你，這個牢中有萊斯設下的結界，你就算想死也死不了，也算是我報答你在桑特西斯對我的恩情，所以你也不用太感謝我了，每次毒牙用餐時，我一定會來看你，不會讓你孤單的。」

柯特像瘋了般，不斷地敲打著堅實的牢門，口中不停大叫。

「比思克，你這個惡魔，你會得到報應的。」

「何必這麼激動，這對身體不好，萬一把毒牙吵醒了就更不好囉！」

比思克開懷大笑，千年來，比思克等的就是這一刻，夢想成真，柯特已在自己掌握，生死任憑自己處置，這一笑，是愛琳去世後，比思克笑得最暢快，也最舒坦的一次，連比思克自己也忘了，上次笑得這般暢快是在什麼時候。

每天看著柯特痛苦的掙扎，成了比思克唯一的樂趣，他不再理會其他事物，每天只是為了等待看柯特飽受肉體折磨，每看完一次，他就會到愛琳墓前，向愛琳訴說心中的感受，從一開始的痛快，到漸感無聊，直至現在的茫然迷惘，比思克已經失去了生存的目的。從前一心只想著報仇，控制整個魔法世界，現在心願實現了，卻彷彿失去了更多。報了仇，卻失去了生活重心，控制了魔法世界，卻失去可以傾訴的對象。現在的比思克像是個沒有靈魂的軀殼，不知該何去何從，反倒想念起賽加，一個始終真心對待自己的朋友。

萊斯經過了長期的策劃，終於掌握比思克所有的技術，自覺羽翼已豐，率布魯斯一同前往比思克的房間，萊斯門也不敲，直接開門闖了進去。

比思克見萊斯無禮的舉動，不禁火冒三丈。

「滾出去，我現在不想看見你們。」

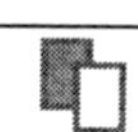

萊斯笑了笑，對比思克的命令視若無睹，信步走到比思克面前，慢條斯理地說著。

「魔法世界已經歸我所有，包括你的生命在內。」

比思克站了起來，兩眼直盯著萊斯。「難道你不怕我的噬光獸。」

萊斯輕薄地拍了拍比思克的臉頰。

「你以爲只有你能創造魔獸嗎？何況現在的噬光獸已經被我控制，我還怕你什麼。」

比思克撥開萊斯的手，後退一步。「怎麼可能？」

萊斯雙手往後一揹，洋洋得意，彷彿自己已經是魔法世界的主宰。

「別以爲我待在你身旁只是爲了幫你做事，你所有的知識已被我學完了，現在的你已經沒利用的價值，所以我特別送你一個特殊的禮物，你看看你的手。」

比思克伸出右手，發現手掌已經慢慢變黑，並逐漸向全身擴散。

「你做了什麼？這是什麼東西？」

萊斯大喇喇地坐了下來，神情高傲。

「我沒你那麼殘忍，拿魔獸毒牙對付柯特，我比較溫和，我送你的是魔獸封印，是一種小到你看不見的病毒魔獸。多虧了你的噬光獸，我才能創出封印。其實封印是很溫和的，而且還能讓你永生不死，只是你無法再見到陽光，否則……」萊斯說著，伸手將窗戶打開，讓陽光直射進來。

比思克一受到陽光照射，身體立時像著火一般難受，比思克趕緊躲到陽光照不到的角落，身體微微顫抖著。

「唉啊！剛才不是才警告過你，不能再碰到陽光的嗎？怎麼不聽我的勸告呢？我是很仁慈的，明天我不希望再看見你，懂嗎？哈哈哈……。」

隨著萊斯的笑聲越來越遠，比思克開始感到恐懼，永生不死，要永遠生存在黑暗中，再也無法沉浸在溫暖的陽光下。

『難道我要像鼴鼠一樣，永遠生活在地底。』

比思克不禁開始懷念起清晨的陽光，一個普通精靈每天都看得到，既平常又普通的曙光，現在竟然離自己如此遙遠，原來失去後才明白，隨手可及也是一種可貴，也應該珍惜。

從來都不曾想過，自己竟然會有種渴望沐浴在陽光下的衝動，然而這個渴望已經無法再實現。記憶中，自己彷彿都在實驗室裡，爲仇恨而日以繼夜的研究，從來沒有放開

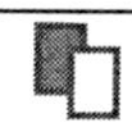

心胸地徜徉在陽光的懷抱，比思克獨自縮在角落，極力地回想沐浴在陽光下的感覺，卻始終想不起來，因爲他不曾用心體會過這種感覺，直到失去，再也無法體會。

第9章　一線曙光·生命魔法

話說賽加離開比思克的城堡後，手中托著裝滿屍體的光球，在深山中漫無目的地走著，也不知道走了多久，一個熟悉的聲音突然在耳際響起。

「主人、主人。」豆兒從天而降，回到賽加身旁。

消失許久的豆兒終於再度出現，這段期間，豆兒離開賽加，到底去了哪裡？又做了些什麼？經過這許多風風雨雨，賽加已無心追問。

看著豆兒，賽加竟然有種想哭的衝動。

「現在只剩下你能陪我說話了，我們該怎麼辦呢？」

「孤島、孤島。」

『反正也已經無處可去，回孤島也好，至少不會再有爾虞我詐，不會再被朋友出賣。』

賽加心已死，對一切早已無所眷戀。

「比賽、比賽。」

豆兒幻化成赤尾火鷲，在空中繞了一圈，向賽加示威後，快速朝孤島飛去。

賽加不甘示弱，施展『飛行魔法』跟了上去，豆兒幻化的赤尾火鷲，快如旋風，賽加的『飛行魔法』行如疾電，他們在空中互不相讓，地上的景物彷彿是快速拉動的布幕，

不斷向後倒退，瞬間已被遠遠地拋在身後，他們很快就回到了孤島，比賽結果是賽加的速度略勝一籌。

經過高速飛行，愁絮也在疾風中，被一絲絲抽離，賽加的心情已經不再那麼憂鬱。

「豆兒，謝謝你，總在我最需要幫助的時候，適時伸出援手。」

豆兒恢復原狀，從霧中吐出一本書，賽加拾起一看，竟然就是那本生命魔法書。

看著這本一個字都沒有的生命魔法書，賽加無可奈何地苦笑著。

「豆兒，真對不起，我到現在還無法參透這本書，平白浪費了萊普托斯的一番好意。」

來到屋前，賽加把光球埋入土中，跪地三拜。

「對不起，是我的無能害了你們，希望你們能原諒我。」

語畢轉頭對豆兒說：「從現在起，我就專心的研究這本生命魔法書，看能不能找出一些端倪，以免辜負了萊普托斯。」

「加油、加油。」

豆兒開心地繞著賽加打轉，直到轉暈了，才掉到地上動也不動。

搞笑的動作，惹得賽加哈哈大笑，暫時忘卻悲傷。

入夜時分，賽加突然聽到一個既熟悉又親切的聲音，正在輕輕地叫喚著自己的名字。

「賽加，賽加。」

賽加聽到這個聲音，循著聲音，走到屋外，看到萊普托斯正席地坐在樹下，興奮地坐到他身旁，臉上充滿無奈的表情。

「萊普托斯，見到你真好。」

滿肚苦水，不知該往哪倒，萊普托斯的出現，對賽加而言，猶如在黑暗中找到一盞明燈，在狂浪中抓住一根浮木。

「好孩子，你有什麼困擾嗎？」萊普托斯撫摸著賽加的頭，一貫親切和藹的笑容。

賽加點點頭，一臉茫然。

「爲什麼比思克會變成那樣，他以前是個富有正義感的精靈，還有萊斯，我曾救過他一命，到頭來，他們卻反而陷害我。我實在不明白，他們爲什麼會變成那樣。」

「這說來話長，記得你小時候那個讓你記憶深刻，如親身經歷的夢嗎？」

賽加仰起頭，努力地在腦海中尋找相關的記憶，想了半天才找到些蛛絲馬跡。

「我想起來了，不過我只記得，我和比思克進到一個神秘的聖殿，好像要尋找什麼

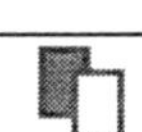

東西，然後就被一群怪物追，後來我就忘了。你爲什麼突然提到這個夢呢？」

「那不是夢，比思克的確從聖殿拿走了不該拿走的東西。」

「你說得真玄，比思克到底拿走了什麼東西？」

「是一顆散發黑色魔氣的石頭，你被亞米契斯洗去了記憶，所以記不得了。」

「那顆石頭和比思克有什麼關係？」

「讓我從頭說給你聽吧！」

似乎賽加心中所有的謎團，都將在此解開，賽加屏氣凝神地聽著，萊普托斯語重心長，兩眼無神地望向天際。

「遠古時代，這裡是一個被稱爲神州的大陸，在這裡住著兩種不同種族的高等智慧生物，一種是精靈，另一種則是人類。人類具有無窮的創造力，而精靈則具有控制自然的能力，也就是你現在使用的魔法。」

「兩種族和平相處，過著太平的日子，但好景不常，一隻來自異空間的噬光魔獸——亞米契斯，牠的出現破壞了兩種族的平衡，它吸取光的能源以增強力量，以精靈和人類爲食，爲了對抗亞米契斯，精靈們以各種自然的力量，再配合人類的創造力，孕育出十二隻聖獸，分別是光之獸、闇之獸、火之獸、水之獸、冰之獸、風之獸、雷之獸、電之獸、山之獸、土之獸、智慧之獸和生命之獸，靠著這十二隻聖獸和精靈們的力量，製造了一個極爲龐大的結界，結界中的亞米契斯失去了大半的力量，精靈們才能順利將亞米契斯粉碎，並封入神聖石中，放在聖殿裡。十二聖獸的第一任主人，就是你們膜拜的精靈之神。」

賽加專注聆聽著萊普托斯的話，連大氣都不敢喘一下。

「由於結界的力量過於強大，扭曲了空間，形成了這個魔法世界，這是個與人類世界平行的異次元空間，幾乎所有的精靈都被困在這個空間裡，再也無法返回原來的世界，人類因爲沒有魔元素，不受結界空間影響，所以全部回到了神州大陸。那些幸存在人類世界的少數精靈，則慢慢被人類同化、然後被遺忘，在人類的歷史中，偶爾會出現一些具有特殊能力的人，這些多半都是精靈一族的後裔。當時的精靈們分爲三個種族，羌族、骨族和龍族，三族的數目相當，尙能和平相處，羌族和骨族擁有強大的力量，龍族卻是平凡無奇，與亞米契斯一戰，羌族和骨族精靈幾乎傷亡殆盡，龍族意外的成爲最強勢的一族，盤据整個魔法世界，碩果僅存的羌族和骨族精靈由於膚色不同，又身懷特殊魔法，日子一久，龍族精靈忘了羌族和骨族的功勞，逐漸對兩族精靈產生猜忌、排擠與壓迫，為了避免無謂的衝突，兩族的族長才率領兩族精靈，躲進了勢險難行的亞西斯山脈。」

萊普托斯停了一下，緩了口氣，繼續說：「被封印在神聖石的亞米契斯並沒有完全毀滅，牠不斷的發射出腦電波，希望能找到和牠腦電波頻率接近或相符的精靈。」

「什麼是腦電波？找頻率相符的精靈有什麼用？」賽加對萊普托斯的話有些不明白。

「電在傳導時，會伴隨著放出電磁波，這是必然的道理，腦神經的傳遞也是一種電的傳導，自然也會放出腦電波，思考的時候，做夢的時候，隨時隨地，都會釋放出腦電波，只是這些腦電波沒有被接收，最後消失在空氣中。」

「那麼要怎麼樣才能接收到腦電波呢？」

「要頻率非常接近或完全相符，而且腦電波能量夠強大時，才有辦法被接收。亞米契斯不斷釋放出高能量的腦電波，希望能找到接收的精靈，經過幾千萬年的歲月，終於碰到了可以接收亞米契斯腦電波的精靈，而且有三個。」

「是哪三個？」賽加心中雖然已經有譜，但還是想證一下心中的想法。

「你應該也猜得到，精靈的本性是純良，毫無邪念的。有哪三個行為已經脫離常軌，你應該比我更清楚。第一個是柯特，第二個是比思克，最後一個是萊斯。比思克的情況比較特殊，他可以完全的接收亞米契斯的腦電波，與亞米契斯的心智相通，除了性格變得邪惡之外，還能得到亞米契斯的知識，所以才能做出那麼多其他精靈完全無法理解的東西。萊斯和柯特只能接受部份腦電波，所以只有性格上被影響，變得邪惡無比。」

「亞米契斯爲什麼要比思克做那些DNA研究，對牠有什麼好處？」

「因爲亞米契斯的軀體已經粉碎，但是牠的DNA還存留在神聖石裡，牠要比思克能將牠的DNA重新組合，爲牠製造一個全新的軀體，所以牠安排了這一切，比思克從聖殿拿走神聖石，藉由柯特的手殺死愛琳，將瘟疫帶到魔法世界，利用萊斯做比思克的左右手，協助比思克消滅瘟疫，取得希望之星的大權。比思克爲了要報仇，也爲了統一魔法世界，一定會讓亞米契斯重新復活，因爲憑希望之星的精靈，無法敵過柯特的魔法大軍，要想達成目的，唯一的途徑就是藉助噬光魔獸的力量，只有亞米契斯有能力幫助比思克達成願望。」

「聖殿到底在哪裡，我真的不記得我到過聖殿啊。」

「這個孤島就是個巨型的聖殿，當初亞米契斯將你們引到這裡，拿走了神聖石，然

後將你們的記憶抹去。」

「可是怎麼會，這個看起來毫不起眼的地方，會是聖殿？」

「用眼睛看是會被迷惑的，你知道眼睛爲什麼看得到東西嗎？」

賽加右手托著下巴，想了半天，還是無奈地搖搖頭，怎麼也想不通萊普托斯話中的含意。

「眼睛看到的東西，必須經過大腦的解釋，才能確認你所看到的是什麼，若直接影響你的大腦，那你所看到的影像將完全不一樣，你先閉上眼睛。」

賽加依言閉上眼，片刻，萊普托斯說：「可以張開眼睛了。」

張開眼，賽加發現自己竟身處桑特西斯城的紅頂圓閣前，街上的精靈來來往往，車水馬籠一如往常。

「這是怎麼辦到的。」賽加驚愕地問道。

萊普托斯用手一遮賽加雙眼，再移開時，賽加眼前所見，又是孤島的景象。

「我只是直接把桑特西斯的景象放到你的腦子裡，你的眼睛並沒有看到，同樣的道理，這個孤島其實上是一個巨大的聖殿，只是聖殿不斷干擾精靈的腦電波，讓他們誤以爲這只是個荒島。」

「這麼說來，比思克掌握了希望之星後，就會讓亞米契斯復活，那現在該怎麼阻止他？」

「要完全消滅亞米契斯，就必須讓牠重新復活，這是命運，誰也無法阻止。我擔心的是十二隻聖獸目前只出現了十一隻，還有最後一隻尚未出現，直到現在我都還不知道智慧之獸的下落。若這十二隻聖獸沒有同時出現的話，就沒有辦法完成生命魔法，根本無法消滅亞米契斯，到時命運之輪會往哪走，連我都沒有把握。」

「是哪些聖獸？」

「你曾看過的十個雕像，就是其中十隻聖獸，豆兒就是第十一隻－生命之獸，最後一隻智慧之獸還沒出現。」萊普托斯嘆口氣。「希望你能找出智慧之獸，這樣才有機會消滅亞米契斯。我待得太久，該離開了，接下來就要看你自己的造化了。」

萊普托斯說完最後一句話，身體就慢慢消失，只留下賽加獨自面對冰冷的空氣。

「不要走，我還有很多疑問，需要你的解答。」

「作夢、作夢。」豆兒在賽加耳旁叫著。

賽加從夢中醒來，身上冷汗直流，看著身旁的豆兒。「原來只是一場夢。」

賽加起身坐到床沿，發現房間已經變了一個樣子，不再是之前那個簡陋的木屋，而是莊嚴的白靈石屋，『該不會真的是聖殿吧！』

若這一切屬實，那麼剛才夢中萊普托斯所說的話，都是千真萬確的，賽加不禁呆了。亞斯和瑪莎從門外走了進了，賽加看著眼前兩頭聖獸，雖然不致驚慌失措，但一時也難以接受。『這是怎麼一回事？真把我搞糊塗了，我才睡了一覺，孤島變成了聖殿，石雕變成了聖獸，是我還沒睡醒嗎？』

「主人，我是火之獸亞斯，她是冰之獸瑪莎。」亞斯和瑪莎分別向賽加點頭示意。

瑪莎看著豆兒逗趣的模樣，不禁笑了起來。

「豆兒，妳非得變成這副怪模樣不可嗎？」

「妳每次變成這副德性時，說話總是不清不楚，妳再這樣，我們就不理妳了。」亞斯搖搖頭，對豆兒現在的模樣，似有很大的成見。

豆兒的頭上立時冒出兩團火球，氣呼呼的說：「管我、管我。」

「現在不是玩的時候，妳老是貪玩，妳這樣子，我們要怎麼討論事情呢？」瑪莎坐了下來，溫柔地勸豆兒別再裝可愛。

「聽妳說話不瘋掉才怪。」亞斯把頭偏到一旁，氣呼呼地說道。

賽加呆呆地望著亞斯和瑪莎說話的樣子，實在很難和夢中那些兇猛的怪物聯想在一起，若只是聽到聲音，只會覺得瑪莎是個溫柔婉約的少女，亞斯則是個性格拘謹的少年。

「豆兒，我也很想看看你到底長得什麼樣子。」賽加對豆兒的真面目也頗好奇，和聖獸站在同一陣線。連賽加都開口了，豆兒只好勉爲其難的答應。

只見包圍在豆兒身旁的煙霧逐漸散去，出現的是個巴掌大的小妖精，金色的俏麗短髮，瓜子臉蛋，尖尖的耳朵，深邃如大海般的水藍色瞳孔，背後長著蜻蜓般的兩對翅膀，身體散發著淺藍色光芒。

「原來妳是女的，好可愛，妳爲什麼要變成冰狸的模樣，這個樣子更可愛。」賽加從沒見過豆兒的真面目，看得直讚嘆。

「因爲豆兒覺得冰狸很可愛啊，所以就變成冰狸的模樣。」豆兒飛紅了臉頰，低著頭羞澀地說道。

「真是愛胡鬧。」

「還不都是你們害的，將亞米契斯封印之後，一個個不是變成了石頭，就是下落不明，剩下豆兒一個，無聊死了，還要陪看守神聖石的萊普托斯，所以豆兒才變成冰狸模樣，每天逗著那個無聊的老精靈玩，不然這些日子怎麼過啊！」豆兒不甘示弱，立即加以反擊。

「拜託，妳還可以在外面玩，我們十個可是變成了石頭，站在那裡一動也不動的守護神聖石，誰比較累。想不到最後還被柯特丟到湖裡，害我差點得了風寒，幸好我和瑪莎曾經接觸過帶走神聖石的精靈，靠著他身上一點點微弱的黑氣，讓我和瑪莎提早解開石化封印，不然現在我們還沉在湖底呢！」亞斯也予以反擊。

「對啊！守護到神聖石被拿走，還敢說呢！豆兒不知道你們是怎麼守護的，是守到睡著了！還是站太久，站到麻痺動不了，才讓神聖石被拿走。」

「妳還敢說，若不是妳呆呆的，讓那個精靈拿妳的頭當跳板，他怎麼跳得過那個裂縫。事後妳不過回到聖殿繼續享受，我們卻要到外面去追回神聖石，誰知道亞米契斯到離開聖殿，黑氣就消失了，沒有黑氣，我們又被石化封印變成雕象，還被丟到湖裡，妳還有臉在這裡抱怨。」

雙方你來我往，展開一場別開生面的口舌之戰，「豆兒又不是故意的，你以爲豆兒喜歡讓他踩豆兒的頭嗎？很痛吔！」

最後豆兒說不過亞斯，只得嘟起嘴，鼓著兩個腮幫子，一臉的不高興。

賽加聽到亞斯提及帶走神聖石的精靈，微微一笑。『是比思克，原來他早就接觸過石雕，還解開了亞斯和瑪莎的封印，當時他一定嚇壞了，所以在船上時才會寧死都不去看石雕。』

「別鬥嘴了，我們還有事要討論，現在最重要的是找到智慧之獸貝兒，讓主人學會生命魔法。」瑪莎爲他們的爭論畫下休止符。

面對瑪莎的好意，賽加只能雙手一攤。

「這本書我已經看過千萬遍，裡面一片空白，我怎麼也看不懂。倒是貝兒到底長什麼模樣，我就覺得奇怪，同樣是聖獸，你們和豆兒怎麼長得不一樣。」

「對啊！同樣是聖獸，怎麼豆兒這麼可愛，亞斯看起來那麼兇惡呢？」

豆兒拍著手飛舞，忍不住又要消遣亞斯一番。

亞斯氣得額頭浮出數條青筋，一副蓄勢待發，要撲向豆兒的兇猛模樣。

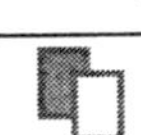

「再連篇廢話，我就咬死妳。」

瑪莎將腳搭在亞斯背上，阻止他們繼續鬥嘴。

「你們別鬧了。主人，我來說明好了，聖獸分爲神獸和幻獸，我們十個是神獸，負責戰鬥，製造結界封印，減少亞米契斯的力量。豆兒和貝兒是幻獸，負責教導主人生命魔法，加強生命魔法和結界封印的力量。豆兒和貝兒也長得一模一樣，只是性別不同罷了。」

「看樣子，這個豆兒一點都不盡責，我到現在還不明白這本生命魔法書究竟有什麼用。」

「才不是豆兒不盡責，現在你打開生命魔法書，豆兒保證你看得懂。」豆兒坐到賽加肩上，拉拉賽加的耳朵，一點都不把賽加當主人一樣地尊重。

賽加不懂豆兒在說什麼，翻開生命魔法書的第一頁，裡面竟出現了文字。

＊＊＊＊＊

生命之始，乃天地之造化。渾沌初開，祝融而已。水氣三相，循環不息。滋養生命，共育大地。

生命魔法，乃生命演繹之諸般變化，依理可循，無常莫測。此乃兩刃之劍，善者習之，黎民幸也，惡者習之，其禍綿延，切記。

生命魔法，博大精深，變化萬千，唯繫於生命與智慧之獸，生命之獸，通往一窺生命魔法奧秘之門，智慧之獸，啟門之鑰，兩獸相輔，始可大成。

除了這些文字外，其他的內容都是一些聖獸們的封印魔法及生命魔法的入門要領，賽加望向豆兒，巴望著豆兒能指點迷津，爲何之前空白的生命魔法書，現在竟出現了文字。

誰知豆兒卻是悶不答腔，一臉給你猜的神情，惹得賽加哭笑不得。

賽加突然想起夢中萊普托斯的話，『用眼睛看是會迷惑的』，才恍然大悟，明白了箇中道理。

「原來聖殿一直影響著我的大腦，讓我看不到裡面的文字，現在我即然可以看到聖殿，自然也可以看到裡面的字，是不是這樣，豆兒。」

賽加的開竅，讓豆十分高興，拍了拍賽加的頭。「孺子可教也，就是這樣，所以在聖殿影響力解除以前，豆兒也沒有辦法。」

「豆兒，不准對主人這麼無禮。」瑪莎有些不悅。

賽加將豆兒接到手掌上，不在乎地笑著。

「沒關係，你們也不用把我當主人，我們像朋友一樣就可以了，豆兒這樣純真又自然，我反而覺得比較自在，由她去吧！」

既然賽加都這麼說了，瑪莎也不好再責備豆兒。

適才的爭執方休，賽加才想到另外八隻聖獸還困在石化封印之中。

「要怎麼解除另外八隻聖獸的封印，將他們釋放出來。」

「不用管他們，等到亞米契斯真正復活之後，牠強大的黑氣自然會喚醒他們，現在就他們在水中泡一泡好了。」

「亞斯真是壞心眼，看自己的同伴孤獨寂寞的泡在水裡，還在這裡說風涼話，真是沒心肝的聖獸，豆兒真爲他們感到可憐。」

豆兒知道亞斯容易被激怒，故意逗著他玩。

瑪莎趁亞斯脾氣未發作前，搶先一步開口，以免他們倆又鬥個沒完沒了。

「豆兒，別再尋亞斯開心，待會被他咬死我可不管，而且亞斯說的也沒錯，只有黑氣才能解開石化封印，現在急也沒用。」

賽加看著瑪莎和亞斯，他們外形幾乎像同個模子刻出來的，實在難以區別。

「我看你們聖獸都長得一模一樣，我怎麼區分誰是誰呢？」

瑪莎將頭低下，讓賽加看得見自己的額頭。

「你看我額頭上那塊冰的標記，每隻聖獸各有不同的標記，除了用來區分彼此外，也是聖獸力量來源。這個標記在石化狀態之下時，是不會顯現出來的。」

依書上記載，一定要有智慧之獸，才能完成生命魔法，所以賽加在豆兒、亞斯和瑪莎的陪伴之下，每天除了勤練生命魔法外，還嚐試著想要找出貝兒的下落，他們用盡了所有方法，只差沒貼出「尋獸啓示」，然而所有的努力仍然徒勞無功。

第10章　揮別故鄉．黑暗精靈

比思克星夜離開了城堡，第一個想到的地方，就是故鄉，他晝伏夜出，白天躲在陰暗的樹洞或山穴裡，晚上則披星戴月地趕路。比思克不像其他精靈會使用魔法，徒步走來，備感艱辛，經過長途跋涉，終於來到希望之星。

看著希望之星一片死氣沉沉，遍地白骨，比思克慚愧的跪了下來，掩面痛哭，爲了仇恨，爲了野心，竟如此心狠手辣，致釀成彌天大禍。

回到故鄉月湖村，因受戰火波及，大部份精靈已經遷移，屋危草枯，蕭瑟的景象讓比思克感到份外淒涼，村裡僅剩少數老得禁不起長途跋涉的精靈還留在故鄉，默默承受戰火無情的摧殘。

比思克走在街上，看見一個老精靈無助地坐在街頭，兩眼泛著空洞，仰望天空。比思克認出他就是庫伯，緩緩走了過去。

「庫伯，你怎麼？」

庫伯轉頭看了比思克一眼，沒認出比思克，看比思克全身黝黑，還以爲是被火燒傷。

「你認識我？你也住月湖村嗎？看你的樣子，也是個受害者吧！被火燒成這樣，也算可憐。若是賽加還在，就不會發生這麼多事。」庫伯的聲音，蒼老無助，彷彿歷盡滄桑。

比思克沒說什麼，嘆了口氣。「是啊！我曾經住過月湖村，只是離開後，就再也沒有回來過，想不到這次回來已經面目全非了。月湖村究竟發生了什麼事？」

庫伯深深嘆了口氣，這口氣充滿了怨恨與哀傷。

「月湖村，唉，希望之星被比思克毀滅，月湖村就在希望之星附近，誰還敢待，走的走，逃的逃。我實在想不透，比思克小時候本性不壞，雖然常和老師頂嘴，但經常幫助其他精靈，怎麼和肯特一起前往桑特西斯後，就變成魔鬼了，法頓長老說的沒錯，真是船誤了吉時，才發生這麼多的事。」

比思克感觸良多，心緒錯綜複雜，明知不可能，還是懷著一絲希望。

「若比思克已經知錯，你能原諒他嗎？」

「我永遠也無法原諒比思克，若不是我已經年老體衰，早就衝到亞西斯山找他算賬，就算因此犧牲性命，只要能罵他一句，吐他一臉口水，我也覺得滿足。」

比思克跪了下來，臉貼在地面，不敢再看庫伯一眼，言語間滿是哀傷與悔恨。

「我就是比思克，對不起，真的對不起。」

庫伯不知哪來的力量，陡然站了起來，雙手顫抖著，嘴巴不停動著，卻說不出一個字。良久，像是洩了氣的球似的，頹然地坐了下來。

「或許是命運作弄，也怨不得誰，我不想再看到你，你走吧！不要再踏進月湖村，污染了這塊純潔的土地。」

比思克雖得不到庫伯的諒解，也不敢有絲毫怨言，這是自己應得的報應，比思克垂頭喪氣離開月湖村，來到加帕爾湖旁，那個與愛琳初識的地方，在這裡，他能再次感受那一年，一個在漁船上唱歌的天真少女，一個在岸旁痴痴望著她的懵懂少年。

『如果生命可以重頭來過，我會選擇走上同樣的路嗎？』比思克這麼問著自己，只是生命永遠無法重來，這個問題，也永遠不會有解答。

＊＊＊＊＊

雲輕輕踩著風的足跡，直掠過天邊的彼端，我想高聲歌唱，一個水上的姑娘。西下的晚陽，紅了沉睡的加帕爾湖，清澈聖絜的湖水，洗滌我的心房。我在船兒上，撒下一張命運的網，魚兒啊！請不要悲傷，即使今日你將成為我們的食糧。

迷矇間，比思克彷彿又聽到愛琳的歌聲，聲音依舊清亮婉約。

聰明絕頂的萊斯，順利霸佔了比思克的一切，他的知識，他的地位，氣焰正盛，不可一世，千年來的策劃，終於開花結果。從他初識賽加開始，就知道機會之門已經開啓，並按照自己的計劃，逐步進行，不惜卑躬屈膝，委身比思克門下，當個任他使喚的奴僕，爲的就是這一刻。

萊斯自認算無遺漏，以爲已經將比思克所有知識技術學齊，於是大膽叛變，沒想到人算不如天算，生命的奧秘非自己所能想像。

萊斯意氣風發的帶著布魯斯來到噬光獸面前，放聲大笑，誇耀自己的成就。

「我說過，總有一天，我會取代比思克，成爲魔法世界的霸主，你看，噬光獸現在已經歸我所有，試問還有誰敢反抗我。」

布魯斯跟在萊斯的身旁時日已久，諂媚的功夫也算一流。

「是啊！比思克算什麼，我看萊斯長老天生就具有世界霸主之相，將來一定會統領世界，才這麼死心塌地、忠心耿耿的跟著您啊！」

「放心好了，你只要好好跟著我，我不會虧待你的。」

布魯斯的奉承，讓萊斯更加得意，只是萊斯笑聲未止，眼前巨變卻讓萊斯再也笑不出來。沒有萊斯的命令，噬光獸竟然開始活動，全身散發黑色之氣，眼神變得更凌厲。

萊斯大驚失色，臉上再找不著剛才的笑容，意氣風發已蕩然無存，只剩絕望與恐懼相隨。

「噬光獸，你想做什麼？」

噬光獸呲牙裂嘴地笑了起來，笑聲如海嘯般舖天蓋地而來，城堡受不了噬光獸的聲音而逐漸崩塌，萊斯和布魯斯更是嚇得心膽俱裂，手腳不聽使喚地顫抖著。

「想不到吧！你自以爲可以控制魔獸封印，實在是太天真了。」

萊斯對眼前突生的變化茫然無措，只聽得噬光獸兀自說著。

「封印獸的十二對基因體，可以任意組合，變化無常，豈是你所能控制的，封印獸不但掙脫了你的晶片控制，也替我解開了魔法晶片的控制，現在我已經完全復活，誰也阻止不了我毀滅魔法世界，還有可惡的人類。萊斯，念你曾經協助我復活，我就給你一點優惠，讓你有十秒的時間逃走。」

萊斯和布魯斯聽到噬光獸的話，不假思索，馬上使用最大的力量，施展『飛行魔法』向外飛去。

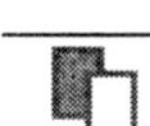

噬光獸儘管身形龐大，動作一點也不遲緩，馬上阻在布魯斯面前。

「我可沒說給你十秒。」張大了嘴，向布魯斯一口咬來。

布魯斯嚇得魂飛魄散，就像被蛇盯住的青蛙，動彈不得，被噬光獸一口吃到肚裡。

萊斯也顧不得這許多，拚命地逃，對他來說，多一秒就等於多一分的生機。不知飛了多遠，直到萊斯覺得已經夠遠了，才稍作停留，回頭望向城堡處，卻不知噬光獸早已在身後，還來不及反應，已經被噬光獸吞到肚子裡。

完全復活的噬光獸亞米契斯，爲了顯示自己的力量，臨空嘶吼，聲音直傳千里，遍及整個魔法世界，身上的黑色之氣更是無遠弗界地向外延展，令草木枯萎，動物死亡。

封印獸也不讓噬光獸專美於前，利用風力，四處傳播，使精靈們皮膚變成黑色者不計其數，更抑制精靈體內的魔元素，讓精靈的魔法力量消失。

沉睡在湖底的八隻聖獸，感受到亞米契斯的黑氣，一一甦醒，急急馳往聖殿。

賽加見聖獸會齊，知道亞米契斯已經完全復活，心急如焚。

「亞米契斯已經復活，但是我們還沒找到貝兒，這可怎麼辦？」

「和亞米契斯拚了。」雷之獸薩克拉高了嗓門，一副要拚命的大無畏模樣。

「薩克，你是剛睡醒，腦筋不清楚，還是睡太久，頭殼給睡壞了。貝兒下落不明，生命魔法還沒完成，你拿什麼和亞米契斯拚。」豆兒飛到薩克的鼻頭，又是一陣數落。

豆兒老毛病又犯了，薩克可是比亞斯更火爆，也不想想自己那麼嬌小的軀體，要是薩克發起瘋來，真的咬上一口，不把豆兒咬得屍骨無存才奇怪。

「豆兒，要不然我們來打一場，讓妳知道我的厲害。」薩克不服氣，眼中幾乎冒出火來。

「你們別吵了，主人已經夠煩了。外面現在是什麼情況，你們剛從外面回來，應該多少知道一些吧！」瑪莎看薩克和豆兒相持不下，直搖頭嘆氣。

「外面現在飽受魔獸肆虐，形同地獄，我看得真是難過。」水之獸碧娜生性多愁善感，語帶傷感。

「現在除了亞米契斯外，還有獅獸多古米多斯，毒牙等各種魔獸到處作亂。我的建議是大家分開行動，先清除其他魔獸，順便尋找貝兒。」

「還是羅傑比較明理，豆兒欣賞你。」豆兒難得會誇獎神獸。

其他聖獸也一致同意，眼光不約而同望向賽加，就等賽加做最後決定。

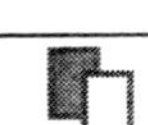

『既然無法消滅亞米契斯，一面尋找貝兒，一面為精靈們暫解痛苦，也不失為兩全其美的好辦法。』

「羅傑的提議不錯，但是希望大家記住，千萬不要和亞米契斯正面衝突，並且儘量將精靈們帶回聖殿，不要再讓他們受苦了。若是找到貝兒，或是遇到危險時，要記得相互通知，懂嗎？豆兒，妳的力量最弱，就留在我身邊好了。」

眾聖獸接受了賽加的指示之後，向四面八方飛散而去，只剩下賽加和豆兒還留在聖殿。

「豆兒想知道，現在我們往哪去？」豆兒坐在賽加肩上，悠哉地擺動雙腳。

「我想先回故鄉看看。」

賽加眼神泛著哀傷的神情，離開故鄉已久，聽聞魔獸肆虐，也不知道現在月湖村究竟變成什麼模樣，心中一陣戚然。

「好啊！豆兒也好久沒回去了。」

「爲什麼妳總能這麼開心？」賽加對豆兒這種沒煩沒惱的性格好生羨慕。

「豆兒覺得煩惱也是一天，快樂也是一天，豆兒寧可選擇後者，像有些神獸實在太嚴肅了，所以豆兒才會故意逗他，豆兒沒有惡意的。」豆兒雙手托著自己的臉頰，臉上堆滿笑容。

「妳說的對，我真是羨慕妳。」賽加用手指摸摸豆兒的頭。

「哈哈，沒什麼，沒什麼，你這麼說，豆兒會不好意思。」豆兒紅著臉，有些害臊。

賽加帶著豆兒，雙雙飛往月湖村，村子經過亞米契斯的黑氣侵襲，早已經沒有精靈存活，走在空盪盪的村子，顯得格外冷清，偶來的一陣風，都讓賽加感到份外淒清。這個曾是自己出生、長大的地方，如今變成這副模樣，叫賽加情何以堪。

一幕幕往事在他腦中上演，訴說著這塊土地曾發生過的點點滴滴，親情、友情、快樂、悲傷，都隨著記憶飛灰煙滅。

賽加突然聽到一間屋子裡有蠢動的聲音，不知是精靈還是魔獸，賽加小心翼翼的走近。

「誰在屋子裡？」

屋子裡的精靈聽出是賽加的聲音，喜出望外，卻又遲遲不敢作聲。

賽加全神戒備地走進屋子，只見整個屋子的窗戶全被封死，一點光都沒有，走到窗

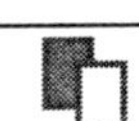

邊，想打開一扇窗，讓陽光透進來。

「不要開窗。」屋子裡的精靈突然出聲阻止。

這聲音對賽加來說，再熟悉不過，但聲音相似的精靈很多，賽加不敢斷然肯定。

「比思克？是你嗎？」

「精靈還是魔獸？」豆兒從屋外飛到賽加身旁，身上的微光，在伸手不見五指的屋內，顯得格外明亮，也足以讓賽加看到縮瑟在角落的比思克。

比思克離開月湖村後，遊魂似的終日徬徨，也不知該往哪走，不知不覺又走回了月湖村，發覺月湖村已經沒有精靈居住，於是隨便找了間屋子住下，將屋子封得密不透光，白天就待在屋裡，晚上則外出尋找食物，運氣好時，可以找到山根野果糊口，運氣不佳時，樹皮也是照吞不誤。

「比思克，你怎麼了？怎麼會變成這副模樣。」

比思克曾費盡心機，無情地算計賽加，將他逼入絕境，曾經，賽加對比思克的行爲極不諒解，背叛朋友，殘害同胞，但如今看到比思克這般模樣，回想起小時候，一起胡鬧、一同玩耍的情景，當時的比思克是那麼天真無邪，心中反而爲比思克感到陣陣心疼。

賽加摟著比思克的肩，感慨萬千，世事變化，總令人難以捉摸。

「還記得我們小時候，你老是愛打我的頭，幸好沒被你打傻了。」

比思克不禁悲從中來，哀慟不已，兩行清淚潸然而下。

「對不起，我做了無法彌補的錯事。對不起，賽加，你會原諒我嗎？」

「我們是好朋友啊！我怎麼會怪你。」

賽加的諒解，頓時讓比思克的心猶如解脫一般，心中萬分感激，得到了賽加的諒解，比思克感到自己不再是孤獨的，至少還有一個朋友，一個不需提防的朋友，一個可以說真心話的朋友，一個不需要僞裝的朋友。

「你是比思克嗎？豆兒認識的比思克可不是這個樣子，他是個充滿自信的精靈，才不像你這麼頹廢。」豆兒飛到比思克面前，鼓動著翅膀，發出嗡嗡聲響，激勵著比思克。

「妳認識我嗎？我好像沒見過妳吧！」

豆兒曾和比思克相處過一段不短的時間，就在桑特西斯的地窟裡，被柯特拘禁之時，那時的豆兒看起來像一團霧，又像一朵雲，又不太會說話，和現在伶牙利齒、清新脫俗的模樣截然不同，比思克當然認不得豆兒了。

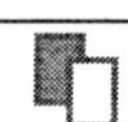

「你怎麼這麼健忘，在桑特西斯時，豆兒在地窟中照顧過你們，還幫你們逃離了桑特西斯，你怎麼就這樣忘了豆兒呢？」

「原來妳就是那朵怪雲。」

「什麼怪雲，那是豆兒的障眼法，豆兒不想迷死你們這些笨精靈。」不滿比思克對自己的形容，豆兒氣嘟嘟地鼓著兩腮。

「我不想和妳爭論，謝謝妳當時救了我。」

比思克淺淺地說，聲音依舊有氣無力。

豆兒拿比思克沒輒，只得沒趣的坐回賽加肩上，擺動著雙腳，仍是一副悠哉悠哉的神氣。

賽加不想讓比思克過於自責，把亞米契斯的陰謀，全告訴了比思克。

比思克把臉掩入雙膝之間，身體微微顫抖著。

「是我一意孤行造成的，我不想把自己的過錯全推到亞米契斯身上，若非我狂妄自負，怎麼會讓魔法世界變成地獄。」

賽加無奈地看著比思克，關心地問：「你的皮膚爲什麼會變成黑色？」

「全是我自作自受，唉！自作孽不可活，我創造了病毒封印，萊斯卻把噬光獸的基因融合到封印的基因裡，把病毒變成魔獸，我被封印獸侵入體內，所以變成這個樣子，再也見不到陽光，這是我應得的下場。不過，萊斯應該也得到報應了，他一定以為可以控制魔獸封印，不可能的，我不敢把病毒封印變成魔獸封印，就是因為我控制不了牠，萊斯做了我不敢做的事，後果可想而知。」

「封印獸又怎麼樣，豆兒保證，等賽加完成生命魔法後，就可以把封印獸從你的身上除掉了，不用擔心。」

比思克抬起頭，望向豆兒，眼神再度浮現一絲絲光采，彷彿在黑暗又找到了一線曙光。

「真的嗎？妳是說我還有機會見到陽光？」

「賽加，豆兒說的是不是真的？」

就算只有一點點希望，對現在的比思克，也具有莫大的鼓舞作用。

「豆兒騙你做什麼。」

「生命魔法可以除去你身上的封印獸，但是要完成生命魔法，還需要一隻智慧之獸

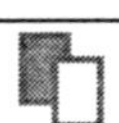

的協助，沒有了他，生命魔法根本無法完成。」

聽到賽加的話，比思克臉色變得非常奇怪，賽加也注意到比思克臉上的變化。

「怎麼了，別擔心，我們一定會找到智慧之獸，等我完成生命魔法，一定幫你把封印獸除去，讓你重見光明。」

「恐怕你們找不到智慧之獸了。」

比思克言出驚人，不但令賽加感到無比震撼，豆兒聽了，更險些從賽加肩上跌了下來。

「你知道智慧之獸？」賽加急切地問。

比思克猶豫許久，說話也變得吞吞吐吐，欲言又止。

「我在噬光獸的記憶裡，曾聽過這個名字，詳細的情形我不清楚，但是牠的記憶裡，智慧之獸已經被牠消滅了。」

這個晴天霹靂的消息，讓賽加一時不知道如何是好，尋找那麼久，費了那麼大的苦心，唯一的希望，竟然早就被亞米契斯消滅了，難怪牠敢這麼光明正大地出來作亂，原來已經沒有後顧之憂，賽加久久都無法接受這個事實。

「豆兒還覺得奇怪，亞米契斯都已經復活了，貝兒這傢伙怎麼還不見蹤影，原來亞米契斯已經捷足先登，把貝兒搞定了。」豆兒還一副無所謂的樣子，托著下巴，自言自語。

「妳怎麼還能這麼悠閒，我們最後的希望也消失了，妳知道嗎？」看豆兒這個樣子，賽加也不知該氣還是該笑。

「豆兒和貝兒，雖然沒有像亞斯他們那麼強大的力量，但也不致於被還沒完全復活的亞米契斯消滅。豆兒和貝兒是幻獸，可以自由變化，豆兒猜想那一戰之後，貝兒應該是失去了軀殼，利用靈體轉移到某個精靈身上，靈體轉移需要耗費巨大的能量，所以貝兒進入沉睡狀態，直到能量恢復後才能甦醒。」

「需要多久才會甦醒？」賽加懷抱著一絲希望。

「豆兒哪知道，搞不好一睡不醒也說不定。」豆兒俏皮地回答。

賽加猶豫許久，終於下定決心。「豆兒，我不能看著魔法世界繼續被亞米契斯摧殘，也沒有時間來證實貝兒是不是還活著，若比思克所說的是真的，貝兒永遠都不會再出現，等也沒用，聯絡一下其他聖獸到月湖村來，我決定與亞米契斯做個了斷。」

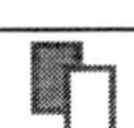

豆兒還想阻止賽加，但自己無法證實貝兒還存活，也就失去阻止的理由，只得照賽加的吩咐。豆兒閉上眼，身上的藍光忽明忽滅，不久，已聽到聖獸們一一降落在屋外的聲音。

「豆兒，妳這麼急著找我們，有什麼發現嗎？」瑪莎從屋外走了進來。看到比思克，認出就是當年那個聚靈堂的小鬼。

「好久不見，那天嚇著你，真是不好意思。」

比思克看到瑪莎不由心中一凜，當年的回憶一一湧上心頭，和當年不同的是比思克心裡沒有任何恐懼，和噬光獸相較，瑪莎看起來溫和多了。

「不用擔心，我會盡全力讓你恢復原狀。」賽加站了起來，走向瑪莎。「貝兒已經被亞米契斯消滅，我們也沒路可走，與亞米契斯一拚吧！是生是死，是勝是敗，就全憑天命了。」

瑪莎聽到這個惡耗，不由得後退一步。

「怎麼可能。」瑪莎喃喃地說。

賽加走到屋外，向所有聖獸宣布這個不幸的消息，變數陡生，聖獸個個愁上眉稍。

「沒關係，沒有了智慧之獸，我們還是要爲了保衛魔法世界而戰，我們不能任憑亞米契斯蹂躪我們的家園，我們出發吧！」

聖獸們齊聲狂嘯，聲音響徹雲霄，似乎在向命運宣戰，也向亞米契斯示威。

「吵死了，豆兒討厭噪音。」豆兒摀著耳朵。

「過了今天，妳不知道還能不能聽到我們的聲音，難道妳不想多聽一下嗎？」碧娜走到豆兒身邊，溫柔地說著。

「不聽，不聽，豆兒不要現在聽，等消滅了亞米契斯以後，豆兒才要聽，你們每個都不准死，不准又留下豆兒孤單一個，豆兒要你們天天陪我說話。」豆兒還是摀著耳朵，用力地甩著頭抗議，眼眶不由自主地泛紅。

豆兒的話，讓氣氛格外傷感，賽加和聖獸面面相覷，不發一語。

片刻寂靜，賽加首先打破默。「就這麼說定了，你們誰都不准死，聽到沒有。」

聖獸們個個笑著點頭答應，豆兒才恢復一貫的笑容，開心地飛舞。

賽加帶著聖獸，向黑氣最旺盛、最濃烈的地方飛奔而去，沿途所見盡是斷垣殘壁，處處可見屍橫遍野、慘不忍睹的景像，這些慘狀，看在賽加眼裡，心中非但毫不畏懼，

更堅定了消滅亞米契斯的決心，頃刻已來到亞米契斯的勢力範圍，天空和地面佈滿了各種魔獸，亞米契斯就身處魔獸群的最深處。

魔獸們看到賽加和聖獸，不說分由便展開攻擊，不計其數的魔獸，像海浪般層層疊疊襲來，一波接著一波，將天空的陽光遮蔽，大地黑鴉鴉的一片，彷彿世界末日。

「這些交給我就行了。」瑪莎獨力攬下重任。

「需不需要幫忙？」賽加從未見識過聖獸的力量，眼見魔獸多如過江之鯽，深怕瑪莎猛虎也難敵猴群，放心不下。

「別小看聖獸的力量，我足以應付了。」

瑪莎額上冰之標記紅光閃爍，寒氣由身體向四方擴散，形成一道無形的極凍之牆，魔獸們穿過極凍之牆後，立即被寒氣冰凍，裂成碎片。

還沒進入極凍之牆的魔獸，見狀紛紛停在牆外徘徊，不敢貿然前進。

瑪莎一聲吼叫，極凍之牆開始向中央凝聚，並分成內外兩道寒氣，兩道寒氣逆向旋轉，形成『寒獄黑洞』。

強大的吸力，讓魔獸一一身不由己的被吸入『寒獄黑洞』裡。

輕易解決了所有魔獸，賽加和聖獸慢慢走向亞米契斯，這個將魔法世界推向地獄的幕後黑手。

「真是好久不見，想不到你們都還活著，而且勇猛不減當年。不過看樣子，你們的陣容好像不太齊全。」

亞米契斯說話的聲音，如強震一般，讓大地顫慄，這種聲音足以讓一般精靈心膽俱裂，賽加和聖獸卻不為所動。

「智慧之獸怎麼了？」

面對亞米契斯，賽加反而出奇的冷靜。

「那可是個意外的收獲，我改變了萊斯的心智之後，意外的發現智慧之獸的靈體就在他體內，邪惡之心無法讓聖獸的靈體重生，所以智慧之獸應該兇多吉多了。沒有了智慧之獸，你們就無法完成生命魔法，也消滅不了我，不如我們聯手，打破魔法結界，到人類的世界大鬧一番，這才痛快。」說完不禁大笑起來。

豆兒坐在賽加肩上，閒散地伸伸懶腰。「我們沒有智慧之獸，可是你在魔法結界中，力量也只剩下一半，看樣子我們是半斤八兩，誰也佔不了便宜。」

「聖獸們，我們上吧！」賽加右手一揮，戰事立即展開。

薩克最爲衝動，立即如箭般奔向亞米契斯，亞米契斯血盆大口一張，一團火球向薩克疾射而去。

薩克行進間馬上改變方向，避開火球，額上雷光標記閃爍，身旁已凝聚出百顆雷球，雷球彷彿有生命般，以天女散花之勢，從不同的角度直取亞米契斯。

亞米契斯不閃不避，黑色鱗甲冒出團團黑氣，硬接下這些雷球，陣陣巨響之後，亞米契斯絲毫無損，重施重創希望之星的技倆，吐出陣陣黑氣，向聖獸們侵襲。

羅傑額上太陽標記一閃，瞬時身上五彩豪光綻放，將侵襲的黑氣蒸散。

轉眼間，賽加與聖獸們紛紛加入戰團，十二道身影在空中地面來回穿梭，快得令人眼花撩亂。賽加與聖獸個個身具各種大自然的力量，亞米契斯卻是集各種大自然的力量於一身，戰得旗鼓相當，勢均力敵。

豆兒只是幻獸，沒有神獸的強大力量，這時一點力也使不上，只能在一旁搖旗吶喊，加油助威。

沒有生命魔法，賽加和聖獸們佔不到任何優勢，使這場戰鬥無盡的延續，兩方面的強大力量，使得日月失去光華、高山夷為平地、湖泊變成空谷、原野形同荒漠，整個魔法世界如同正經歷空前所未有的浩劫，所幸大部份的精靈已被聖獸們遷到聖殿，受聖殿的力量保護，才免去一場生靈塗炭之災。

戰火持續延燒，一個月下來，賽加和聖獸已經力空氣盡，亞米契斯面對賽加和聖獸綿延不斷的攻勢，也漸感獨木難支。

疲累交織的賽加，稍不留神竟被亞米契斯的『風箭』透胸而過，放在賽加胸口的生命魔法書，也被『風箭』波及，碎成飛灰片片。頑強的賽加利用亞米契斯使用『風箭』的空隙，施展『山嵐巨頂』，足以毀天滅地的千億噸大氣重壓，卻只能將亞米契斯的半個身體強行壓入地面，短暫地制住亞米契斯的行動。

雖然只有幾秒的時間，已經為聖獸們爭取到一個絕佳的反攻機會，聖獸們見機不可失，迅速依五行十星大陣排列，同時使用封印結界，上空紅雲急速盤旋凝集，出現一片限制魔法結界，形態詭譎多變，結界力量四面八方鎖住亞米契斯，將亞米契斯困在其中。

紅雲在空中旋轉，不斷向四面延伸出成千上萬雲絲，甚為壯觀，雲絲將散落在各地的作怪的魔獸束縛住，往這個結界集中，在雲絲的力量之下，除了已經潛伏在精靈體內的封印獸外，全部魔獸無一倖免，乖乖地被捉入五行十星的結界之中。

賽加身受重創，口吐鮮血，筆直地跌落地面，豆兒快速的飛到賽加身旁，神情焦慮，不再一副悠哉的樣子。

「賽加，你怎麼了，不要嚇豆兒啊！」

比思克一直在遠方看著這場戰鬥，見賽加受創，不顧自己安危，關心地跑了過來。

「豆兒，妳聽得見嗎？豆兒。」

賽加體內突然發出聲音，叫喚豆兒的名字。

聽到這個熟悉的聲音，豆兒不禁又驚又喜。

「貝兒，你怎麼到現在才出現，而且哪不好去，跑到賽加體內做什麼？」

「萊斯的心智被亞米契斯控制，我的靈體受到壓迫，若沒辦法適時找到精靈依附，就會飛灰煙滅，就在千鈞一髮之際，主人救了萊斯，他們第一次肢體接觸時，我才有了靈體轉移的機會，否則我現在早已經消失了，我也不想轉移到主人身上，但是迫於無奈，也不得不如此。主人強大的力量讓我一直無法重生，直到主人受到重創，我才能甦醒。」

「想不到我們費盡千辛萬苦要尋找的智慧之獸，就在我的體內，真是諷刺。」賽加強忍創痛，苦笑著說。

「那現在怎麼辦？若是賽加強行讓貝兒重生，賽加會死的。」

「我們已經沒有辦法消滅亞米契斯，沒有豆兒和貝兒的力量來增強封印，聖獸們的結界也撐不了多久，現在只能靠你們了。」

賽加強行催動魔法，身體不斷地快速分解，點點光華環繞，每個光點都慢慢形成外表像豆兒一樣的小妖精，只是比豆兒更加迷你。

「賽加，不要這樣，你不是說過，誰都不能死，你怎麼可以不守諾言，豆兒不要你死嘛！」豆兒心裡著急，忍不住哭了出來。

比思克趕到賽加身旁，見到賽加身體正逐漸分解，抱著賽加的身體痛哭，世界上唯一的朋友就要離開了，叫比思克怎麼能不傷心。

「你們不要傷心，豆兒，貝兒會和我融合在一起，貝兒就像是我一樣，我所有的記憶都會保留在他身上，我不會忘了妳和聖獸們，我的心會永遠和你們在一起。比思克，等這場戰鬥結束，你就把所有受封印獸侵入的精靈帶到那個結界，裡面是一個黑暗的世界，可以讓你們生存，等將來豆兒和貝兒在一對雙胞胎精靈的身上重生，並幫助他們學會生命魔法，就可以將你們從黑暗中解放出來，千萬不要放棄生存的念頭，這是我能幫你的最後一件事了。我真希望魔法世界是一個沒有鬥爭，沒有弱肉強食的世界。」

賽加的希望化成一道光芒，直衝上天際，開始慢慢向魔法世界擴散，接觸到光芒的一切生物，皮膚開始轉變為綠色，可以自我行光合作用，獲得生活所需的能量，從此不需要為食物你爭我奪。

「賽加，你的希望實現了，豆兒和貝兒會竭盡全力守護著魔法世界，豆兒不會讓你失望。」豆兒流著淚，伏在賽加胸口，哽咽難當。

豆兒將眼角的淚痕拭去，飛到空中，慢慢變成一顆藍色光球，從賽加身上分解出來，成千上萬的小妖精，井然有序地飛到豆兒形成的光球裡，當最後一個小妖精飛入光球後，賽加的身體也完全消失了。

光球在空中轉了兩圈，向賽加致意後，朝著封印結界飛去，光球進入結界，不斷向四週散發能量，聖獸接收到生命之獸和智慧之獸的力量，身體慢慢進入石化狀態，石化效果緩緩向外延伸，直到形成一個巨大的空谷。

在結界裡掙扎的亞米契斯，眼見就要突破結界，想不到功虧一潰，不由得聲撕力竭地怒吼。「不可能，我不要再被封印，可惡的精靈啊！我一定會再復活，捲土重來的，你們等著吧！」

亞米契斯的聲音越來越小，最後終於消失，逐漸進入沉睡中。

比思克親眼看著賽加消失在自己懷裡，心痛不已，心中縱然有百般懊悔，卻也於無濟於事，比思克跪在地上，憑空對賽加膜拜。

「我會照你的話，把受侵襲的精靈們帶到黑暗谷裡，並保護他們，直到重見光明之日。」

賽加的魔幻世界

作　　者　邊成忠
封面·內頁插圖　江長芳
編　　輯　張慧茵
發 行 者　弘智文化事業有限公司
登記證：局版台業字第 6263 號
發 行 人　邱一文
策 劃 者　書僮文化
地址：台北市丹陽街 39 號 1 樓
E-mail:hurngchi@ms39.hinet.net
郵政劃撥：19467647　戶名：馮玉蘭
電話：（02）2395-9178·2367-1757
傳真：（02）2395-9913·2362-9917
經 銷 商　旭昇圖書有限公司
地址：台北縣中和市中山路二段 352 號 2 樓
電話：（02）22451480　傳真：（02）22451479
製　　版　信利印製有限公司
版　　次　2002 年 8 月初版一刷
定　　價　250 元

ISBN／957-0453-63-X

國家圖書館出版品預行編目資料

賽加的魔幻世界 / 邊成忠作. -- 初版. -- 臺
北市 : 弘智文化, 2002[民 91]
面 ; 公分

ISBN 957-0453-63-X(平裝)

1. 生命科學 - 通俗作品

360 91012254